Werner von Filek

Frösche im Aquarium

Kosmos · Gesellschaft der Naturfreunde
Franckh'sche Verlagshandlung · Stuttgart

Mit 3 Fotos auf 2 Tafeln vom Verfasser, Gerhard Marcuse und Uwe Höch
und 15 Zeichnungen vom Verfasser
Umschlaggestaltung von Edgar Dambacher
unter Verwendung eines Dias von Uwe Höch

Amerikanische Ausgabe: T. F. H. Publications, Neptune City / USA
Holländische Ausgabe: Strengholt B. V., Bussum / Niederlande

CIP-Kurztitelaufnahme der Deutschen Bibliothek

Filek, Werner von:
Frösche im Aquarium / Werner von Filek. – 5. Aufl.
– Stuttgart: Franckh, 1985.
(Kosmos-Vivarium)
ISBN 3-440-04981-7

5. Auflage / 15.–17. Tausend
Franckh'sche Verlagshandlung, W. Keller & Co., Stuttgart / 1985

Printed in Germany / Imprimé en Allemagne / L14 H hc / ISBN 3-440-04981-7
Druck: Johannes Illig, Göppingen; Buchbinder: Idupa, Owen/Teck

Frösche im Aquarium

Unorthodoxe Gedanken an Stelle eines Vorwortes

Aus vielen tausend Worten besteht ein Buch, und wenn der Autor zu guter Letzt seine gesammelten, in Worte gekleideten Gedanken beisammen hat, soll er noch ein Vorwort gebären. Er soll ein Wort vor Worte setzen. Ist das nicht allzuviel des Guten? Sein Bild an den Anfang zu stellen wäre treffender, doch da es sodann ein Vorbild wäre — nein, das ist zu deutliches Eigenlob! Somit befindet sich der Aufgeforderte in einer moralischen Zwickmühle. Er setzt sich also an seinen Schreibtisch und schreibt eine Inhaltsangabe, eine Art Vorschau auf das, was den Kern des Buches ausmacht. In einigen wenigen Sätzen konzentrieren sich alsbald die markantesten Teile seines Werkes, und befriedigt liefert der anfänglich so unschlüssige Autor sein „Vorwort“ dem Verlag. Der schreibt einige Ziffern dazu, die Vokabel „Inhaltsübersicht“ darüber und mahnt beim säumigen Autor das schon lang verlangte Vorwort. In dieser Lage befinde ich mich gerade jetzt.

Sie, meine sehr verehrten Leser, aber wollen Frösche kennenlernen, haben das Buch gekauft, um Einblick in die Biologie der Lurche, ganz bestimmter, besonders interessanter Lurche, zu gewinnen und nicht, um mit Autorensorgen konfrontiert zu werden. Seien Sie mir bitte nicht böse; schon die folgenden Seiten sollen Sie in das Reich der vollaquatischen Frösche entführen, und wenn ich für meine geliebten Anuren nur annähernd so viel Begeisterung bei Ihnen erwecken kann, wie sie mich selbst beflügelt, dann machen Sie mich froh, sehr froh sogar. Dann sehen wir einander wieder — vor einem Aquarium mit Fröschen vielleicht.

Wien

WERNER v. FILEK

„Fische“ mit vier Beinen

„Das Ansinnen, einen Fisch im Vogelkäfig zu halten“, sagte einmal Edgar Genet, „charakterisiert den Surrealisten.“ Vivarianer aber sind nun einmal keine Surrealisten, sondern Realisten und Realisten halten Fische ausschließlich in Aquarien. Vice versa sind demnach Aquarien der in die menschliche Behausung gebrachte Lebensraum der Fische. So ist es in der Regel, aber — wie wir sehen werden — nicht *die* Regel.

Was fasziniert den Aquarianer an seinen Aquarien? Ich habe mir die Mühe gemacht und habe ein rundes Dutzend Tubifexkäufer in einer Zoohandlung befragt; ihnen allen habe ich obige Frage gestellt. Wer jedoch eine einheitliche Antwort erwartet, irrt. Ein rundes Dutzend unterschiedliche Meinungen habe ich mit nach Hause genommen: „Mich begeistert die Farbenpracht der Fische jeden Tag aufs neue“, meinte der eine; den nächsten „fesselt der Einblick in eine andere, fremdartige Welt“. Beruhigend wirkt die Beobachtung der Barben auf den Dritten, und wieder ein anderer Aquarianer ist beseelt von der Hoffnung, daß ihm die Zucht einer besonders seltenen Art gelingt. Am meisten und am wenigsten zugleich sagte der letzte der Befragten: „Die Fische sind mein Steckenpferd!“

Trotz dieser so verschiedenen Stellungnahmen hatten alle eine Aussage gemein, alle hatten von Fischen gesprochen. Ohne Ausnahme pflegen sie Fische in ihren Aquarien.

Daß Fische die Bewohner der Aquarien sind, sein müssen oder sein sollen, ist eine vorgefaßte Meinung. Ich sage dieser Meinung den Kampf an und empfehle als Aquarienbewohner: „Fische“ mit vier Beinen!

Mein Steckenpferd sind Frösche, und dennoch habe ich nicht Terrarien zu Hause, sondern nur Aquarien. Es begeistert und beruhigt mich, wenn ich meinen Fröschen zuschaue und ich bin ebenso fasziniert wie die zuvor zitierten Tubifexkäufer, wenn ich in die fremde Unterwasserwelt meiner Aquarien blicke. Jedoch in meinen Aquarien sind nicht Fische, sondern Frösche, ausschließlich Frösche.

Zuerst bewohnten auch meine Becken bunte Fische, interessante Fische, aber die Frösche haben ihnen meine Sympathien abgelaufen oder richtiger abgeschwommen.

Jetzt verwechselt er bereits Aquarien und Terrarien, werden manche sagen, und besonders resolute Charaktere werden vielleicht sogar tippende Bewegungen mit dem Zeigefinger gegen die Stirne machen. Entschuldigen

Sie — ich bin Ihnen noch einige Erklärungen schuldig geblieben. Deshalb das Mißverständnis!

Frösche pflegt man für gewöhnlich in Terrarien; das ist richtig. Denken wir an die Laubfrösche, nicht nur an unseren heimischen grünen Laubfrosch *(Hyla arborea)*, sondern an die zum Teil außerordentlich bunten tropischen Arten, oder an die plumpen warzigen Kröten. Das ist die Regel, aber auch diese Regel wird erst durch die Ausnahmen bestätigt. Und zu den Ausnahmen gehören in erster Linie die „vollaquatischen" Frösche.

Was heißt nun wieder „vollaquatisch"?

Nun, die Froschentwicklung stellt, wie ja allgemein bekannt, eine treffliche Demonstration des Überganges vom Wasser- zum Landleben der Wirbeltiere dar: das Larvendasein beginnt meist im Wasser, während die erwachsenen Frösche sodann feuchte Biotope am Lande bewohnen. Die Veränderungen ihrer Atmungseinrichtungen gehen mit dieser Entwicklung parallel und von Kiemen bis Lungen finden wir alle Varianten im Reiche der Frösche. Die Hautatmung natürlich nicht zu vergessen. Unter den heute noch lebenden ca. 2500 Froscharten gibt es selbstverständlich einige Außenseiter. Nicht nur anatomische oder solche, deren Verhalten ganz besondere Eigentümlichkeiten aufweist, sondern auch einige, die den Schema-Entwicklungsgang der Anuren (= Froschlurche; oft auch als „Salientia" bezeichnet) nicht oder nicht ganz mitmachen. Dazu gehören beispielsweise jene Arten, die auch als fertige Frösche im Wasser leben. Das sind die sogenannten „vollaquatischen" oder „rein aquatilen" Frösche. Ihnen stehen die „vorwiegend aquatischen" Arten, also solche, die vorwiegend in der unmittelbaren Nähe des Wassers leben, sowie die terrestrischen Formen gegenüber.

Die vorwiegend aquatischen Frösche flüchten, wenn Gefahr droht, stets in das schützende Naß, sind ausgezeichnete Schwimmer und Taucher, aber immer wieder kommen sie ans Ufer zurück. Außerdem jagen und fressen sie ausschließlich am Lande. Typische Beispiele sind die Unken und zahlreiche Ranaarten, wie etwa der grüne Wasserfrosch *(Rana esculenta)* unserer Heimat.

Die vollaquatischen Frösche dagegen stellen nur eine kleine Gruppe dar, und ihre Mitglieder entstammen den unterschiedlichsten Familien. So kennen wir rein aquatile Arten aus der Familie der „echten Kröten" *(Bufonidae)*, aus der Scheibenzünglerfamilie *(Discoglossidae)*, genauso wie aus den Familien der *Leptodactylidae* und *Ranidae*. Die einzelnen Arten führen zum Teil recht abenteuerliche Namen wie *Ooeidozyga laevis* oder *Calyptocephalella gayi*. Bei einigen Formen liegt die Annahme recht nahe daß, sie erst sekundär wieder zum reinen Wasserleben zurückgekehrt sind.

Die vollaquatischen Frösche zeigen häufig gemeinsame Besonderheiten, die zum Teil als Anpassung an das Wasserleben zu erklären sind: die Tendenz zur Verbreiterung und Abflachung der Köpfe (Kiefer), die langen schlanken Finger und andere mehr.

Innerhalb der rein aquatilen Frösche gibt es eine einzige geschlossene Verwandtschaftsgruppe — die Familie *Pipidae*. Alle Pipiden — und zu ihnen gehören rund 15 Arten, die in vier Gattungen zusammengefaßt sind — leben ohne Ausnahme stets im nassen Element. Ihnen soll dieses Buch in erster Linie gewidmet sein!

Nicht nur weil sie ein Paradebeispiel vollaquatischer Frösche darstellen, sondern auch weil der Tierhandel diese Arten immer wieder anbietet. Die Pipiden sind nicht heikel, sie sind keineswegs anspruchsvoll, und doch kann man mit ihnen eine Menge interessanter naturwissenschaftlicher Abenteuer erleben. Sich mit mir in diese Abenteuer zu stürzen, lade ich Sie jetzt herzlichst ein.

Fischaquarien – Froschaquarien

Die Bezeichnung „Fischaquarien" klingt fast wie „alte Greise" und ähnliche Sprachdummheiten. Wir wollen aber nur den Unterschied zu spezifischen Froschaquarien betonen. Sind nicht beide ganz gleich, ist nicht in beiden Wasser? Gewiß, aber einige Unterschiede bestehen doch und mit diesen wollen wir uns kurz befassen: Die erste Frage, die zu Beginn geklärt werden muß, ist, ob der Froschpfleger in spe optisch attraktive, also bepflanzte und schön ausgestaltete Behälter — sogenannte „Schauaquarien" — bevorzugt, oder ob er, praktischer denkend, sich mit Zweckaquarien begnügt. Ebenso wichtig ist die Frage Nummer zwei; nämlich für welche Art oder Arten sich der Vivarianer entschließen wird oder bereits entschlossen hat. Von der Antwort auf diese beiden Fragen hängt alles ab, nicht zuletzt die Zufriedenheit des Pflegers und die Zweckmäßigkeit der nun folgenden Ratschläge.

Dem Naturfreund mit ästhetischen Ansprüchen an seine Aquarien sei geraten, sich auf die Gattung *Hymenochirus* (eine der vier Pipidengattungen) zu spezialisieren. Diese Krallenfrösche sind nur wenige Zentimeter groß, machen gemütliche Bewegungen und schonen den Pflanzenbestand. Sie klettern geschickt zwischen den Vallisneriablättern umher und bieten so zusätzliche Unterhaltung. Ein Teil des Aquariums sollte aber unbedingt unbepflanzt bleiben. Denn wenn die Wasserpflanzen allzu dicht wachsen, können wir die Tiere nicht richtig beobachten. Und gerade das will doch jeder Vivarianer.

Für die Sauerstoffvermehrung sind bei pipiden Fröschen keine Pflanzen erforderlich — alle hier behandelten Arten atmen durch Lungen, die sie regelmäßig an der Wasseroberfläche mit Frischluft füllen. Dieses Luftholen erfolgt manchmal sehr temperamentvoll. Ein Deckglas ist daher zweckmäßig, oder aber man füllt das Aquarium nicht bis zum Rande an. Für die größeren Arten der Gattungen *Xenopus* und *Pipa* sollten die Aquarien unbedingt abgedeckt sein. Ansonsten gelten alle Regeln und Tips wie für ein Fischaquarium auch für die Hymenochirusbecken.

Sowohl die Xenopusarten wie Pipas sind rauhe Brüder, und ihre Rüpelhaftigkeit ist für zarte Wasserpflanzen meist verderblich. *Xenopus* scharrt gelegentlich im Boden. Besteht dieser Boden aus feinem Flußsand, so kann man sich die Folgen für die Flora und für die Klarheit des Wassers denken. Daher nehmen wir für Xenopus-Becken als Bodengrund am besten grobes Material. Sollen unbedingt Pflanzen das Froschaquarium zieren, so ist es ratsam, Blumentöpfe in das Aquarium zu stellen oder in das Bodenmaterial einzulassen. Noch sicherer schützt die Auflage eines Gitters am Boden die Pflanzen vor brutaler Entwurzelung. Daß es stets widerstandsfähige Pflanzen sein müssen, ergibt sich nach dem Gesagten von selbst. Manche Arten (z.B. *Xenopus mülleri*) lassen sich gerne an der Wasseroberfläche treiben. Sie hoffen, Insekten, die über dem Wasserspiegel ihr Spiel treiben oder auf das Wasser fallen, zu erbeuten. Solche erfolgreiche Jagd kann man ohne Schwierigkeit beobachten. Ein Bestand von Schwimmpflanzen scheint diesen Spezialisten sehr willkommen zu sein. KLINGELHÖFFER empfiehlt in seiner „Terrarienkunde" einen schwimmenden Ast. Ich halte das aber für überflüssig, denn ich habe niemals Pipiden freiwillig das Wasser verlassen sehen.

Für Versteckplätze muß man aber unbedingt sorgen, besonders in unbepflanzten oder nur spärlich mit Pflanzen besetzten Aquarien. Im einfachsten Fall kann es ein halbierter Blumentopf sein. Beim Bau kunstvoller Höhlen sollte man versuchen, die Tiere nicht zu einem Leben in Verborgenheit zu verlocken; sie würden durch ihr Versteckspiel den Vivarianer vergrämen.

Die Größe der Becken schließlich richtet sich nach den einzelnen Arten und selbstverständlich nach der Zahl der gehaltenen Frösche. Entscheidend ist auch, ob der Vivarianer die Nachzucht versuchen will. Zuchtbecken für *Pipa pipa* und *Xenopus* beispielsweise sollten mindestens 70 Liter Fassungsraum haben (etwa die Maße 60 × 30 × 40 cm). Eine Ausnahme stellen wieder die *Hymenochirus*arten dar, die auch in sehr kleinen Behältern zum Ablaichen gebracht werden können. So gibt RABB für seine Zuchtbecken die Größe 24 × 24 × 44 cm an.

Ein 100%iges Rezept für Froschaquarien gibt es allerdings genausowenig wie für Fischaquarien; Erfolge lassen sich nicht erzwingen und Mißerfolge nicht ganz vermeiden. Eine große Erfahrung ist gewiß nützlich aber auch sie ist keine Garantie. Das meiste Glück hat immer noch der sorgsame Pfleger, der Gewissenhafte, der eingedenk der Grundgesetze der Tierhaltung — nämlich: ausreichend Licht, Wärme und Sauberkeit — seine Behälter aufstellt und betreut.

Ein kleiner Seitensprung

Ein kleiner Seitensprung sei uns erlaubt; für kurze Zeit verlassen wir die Pipiden. Fangen wir mit der Unke an! Am besten beginnen wir mit der Haltung einer der beiden in Mitteleuropa vorkommenden Unkenarten. Das Material ist leicht zu beschaffen, jederzeit zu ergänzen und außerdem sind die heimischen Anuren leichter zu pflegen als die Exoten. Zwar passen die Unken nicht ganz in den Rahmen dieses Buches, weil die Bombinaarten keine vollaquatischen Frösche sind, sondern nur vorwiegend an das Wasser gebundene Anuren. Sie gehören in die Familie der Discoglossiden (Scheibenzüngler), der außer den Unken der „bemalte Scheibenzüngler“ *(Discoglossus pictus)* und die Geburtshelferkröte *(Alythes obstetricans)* angehören. Ihre Heimstätte ist das Aquaterrarium mit einem Landteil nebst einem seichten Wasserbecken.

Andererseits gehören aber die Unken wie die Pipiden zu den sogenannten „primitiven Fröschen“ und haben eine Menge gemeinsame Verhaltensweisen; beispielsweise die Lendenklammerung der brünftigen Männchen. Wer sich also nicht gleich zur Pipidenpflege entschließen kann, dem seien die nun folgenden Ausschnitte aus dem Unkenleben gewidmet. Sie sollen eine kleine Anleitung zur Unkenpflege darstellen, stets jedoch mit dem Hintergedanken an die bald folgende Haltung „echter“ Wasserfrösche, der Pipiden.

Ohne Zweifel hat jeder Naturfreund schon eine Unke gesehen, diese munteren dunkelgrauen bis schwarzen, warzigen Froschlurche mit der bestechend schönen roten oder gelben Fleckenzeichnung der Unterseite. In kleinen sumpfigen Gewässern treiben sie ihr Unwesen und teils unheimlich, teils spottend klingt ihr charakteristisches hunk-hunk. Daß es zwei Arten in unseren Breiten gibt, wissen schon weit weniger — für viele ist Unke Unke. Bis Ende des 19. Jahrhunderts wurde auch nur eine Art anerkannt oder überhaupt erkannt, und wenn man die Schwierigkeiten der Bestimmung — die Unterscheidungsmerkmale sind alles andere als markant — kennengelernt hat, versteht man das ohne weiteres. Beginnen wir also mit der Bestimmung der beiden mitteleuropäischen Arten, der Rotbauchunke *(Bombina bombina)* und der Gelbbauchunke *(Bombina variegata)*. Das aufregendste an den Unken ist, daß der Bauch der Rotbauchunke häufig gelb gefärbt, der der Gelbbauchunke des öfteren rot getönt erscheint. Dabei wäre gerade die Färbung ein so deutliches Erkennungsmal. Bei unseren Unken ist sie jedoch so variabel, daß sie zur systematischen Bestimmung nicht heran-

Bild 1. An der Farbe der Zehen kann man die beiden Unkenarten unterscheiden. Gelbbauchunke, Bombina variegata (rechts); Rotbauchunke, Bombina bombina (links). (Schema nach Birkenmeier.)

gezogen werden kann. Besser eignet sich schon die Untersuchung der Finger zur Bestimmung der Art: *Bombina bombina* hat nämlich winzige, gerade noch erkennbare Schwimmhäute zwischen den Fingern, bei *Bombina variegata* fehlen sie ganz. Dann ist noch der „Streicheltest" zu empfehlen. Mit den Fingerballen streiche man über die Rückenhaut. Fühlt sie sich rauh, aber nicht scharfkantig an, dann ist es ziemlich sicher die Rotbauchunke, deren Warzen mit kleinen abgerundeten Hornhöckerchen besetzt sind. Hat man dagegen den Eindruck, über spitze kratzende Stacheln zu streichen, dann sind es die eng beisammenstehenden Hornstacheln von *Bombina variegata*. Ein weiteres gutes Unterscheidungsmerkmal hat Birkenmeier (1948) beschrieben: Wenn an der Unterseite der ersten Finger oder Zehen die gleiche leuchtend rote oder gelbe Farbe zu sehen ist, handelt es sich um *Bombina bombina*; sind die Zehen jedoch dunkel, schwarzgrau, dann haben wir *Bombina variegata* vor uns. Bei den Männchen gibt es noch ein Zusatzmerkmal. Die *Bombina bombina*-Herren besitzen innere Schallblasen, an ihrer Kehle ist daher auch im Ruhezustand ein Wulst zu erkennen, der bei den *Bombina variegata*-Männchen nicht vorhanden ist.

Für die erworbenen oder von uns gefangenen Unken, deren Artzugehörigkeit wir bestimmt haben, gilt es nun, ein standesgemäßes Heim einzurichten. Das ist nicht schwer: ein mittelgroßes Aquarium mit einer flachen aus dem Wasser sich erhebenden Stein-Insel (möglichst nicht in der Mitte des Beckens). Die Insel kann mit Moospolstern belegt oder mit allerlei Sumpfpflanzen bestückt werden. Für Versteckplätze sollte man jedenfalls sorgen. Der Wasserstand in diesem Aquaterrarium ist den natürlichen Lebensbedingungen der Tieremit maximal 20 cm am besten angepaßt. Wasserpflanzen sind — besonders in Zuchtbecken — zu empfehlen.

Nun setzen wir unsere Unken in den Behälter und werden schon nach kurzer Zeit entsetzt feststellen, daß die Tiere unruhig an den Glaswänden hin- und herzappeln und immer wieder versuchen, an den Scheiben emporzuklettern. Keine Sorge! Nach 1–2 Tagen haben sich die Unken ganz an ihre neue Umgebung gewöhnt und ihre Nervosität abgelegt. Sie werden dann die Tage vorwiegend im Wasser verbringen, an der Wasseroberfläche liegen und sich von der Sonne bescheinen lassen, oder in Ufernähe eine mögliche Beute erwarten. Nachts verlassen sie häufig das Wasser, bleiben aber in unmittelbarer Nähe ihres Vorzugselements (auch wenn die Größe des Aquaterrariums weitere Ausflüge zuläßt). Die Unkenbecken sind für den Fall des Falles mit einem Gitter, eventuell mit einer Glasscheibe abzudecken; manchmal packt nämlich auch die Unken die Wanderlust, und ist einmal eine aus dem Behälter entkommen, so stirbt sie in kürzester Zeit – viel schneller als andere ebenfalls feuchtigkeitsbedürftige Anuren – den Vertrocknungstod.

Was das Unkenfutter betrifft, so nehmen die kleinen Gesellen begeistert Regenwürmer (teilweise auch Mehlwürmer), Fliegen, glatte Raupen und kleine Schmetterlinge. Auch Heuschrecken sind begehrte Leckerbissen, und ist einmal eine Wespe oder Biene in den Behälter geraten, so wird auch sie ein Opfer der Unkengier. Wichtig ist nur, daß sich die Beute bewegt. Nur dann wird sie (optisch) wahrgenommen und akzeptiert.

Beide Unkenarten laichen im Frühsommer (April bis Juni), soweit sich eine begrenzte „Laichzeit" überhaupt festlegen läßt. Die Tiere in einem naturgetreu eingerichteten, nicht zu kleinem Aquaterrarium zur Fortpflanzung zu bringen, sollte nicht schwer sein. Auf Details des Fortpflanzungsverhaltens hier einzugehen, wäre nicht im Sinne dieses Buches. Ich beschränke mich daher auf einige Punkte, die ich schlagwortartig aufzählen will:

Die Zeit der Fortpflanzung wird durch häufigeres und anhaltendes Rufen der Männchen eingeleitet. Die Umklammerung erfolgt, wie schon erwähnt, in der Lendengegend des Weibchens; der Klammerreflex wird durch die Bewegung des Partners ausgelöst. Abgelaicht wird mehrmals in kurzer Folge, stets aber im Wasser. Der Laich wird an Pflanzen geklebt. Die Gesamtzahl der Eier kann mehrere hundert Stück erreichen. Die Lösung der Umklammerung erfolgt nach einem charakteristischen Signal des Weibchens: steif nach rückwärts gestreckte Beine bei leichter Vibration des Körpers.

Die Eier haben inklusive der sie umgebenden Gallertschicht einen Durchmesser von etwa 5 mm. Die Entwicklung dauert von der Ablage des Eies bis zum verwandelten Frosch entsprechend den gebotenen Bedingungen (Temperatur, Nahrung) ca. 4–6 Wochen.

Nach diesem Kurzbericht über das Unkenleben wollen wir noch auf eine Besonderheit dieser Tiere eingehen: die sogenannte „Kahnstellung". Durch starke Reize, vor allem wenn man die Tiere unsanft aus dem Wasser nimmt, wird bei ihnen ein akinetischer Zustand, das ist eine Art Starre, hervorgerufen. Die Unke biegt dabei ihren Rücken konkav durch, und sowohl Vorder- wie Hintergliedmaßen werden nach außen gedreht an den Rücken gepreßt. Die bunt gezeichnete Unterseite wird dadurch sichtbar. In dieser Stellung verharrt das Tier längere Zeit. Ein ganz ähnliches Phänomen kann man bei der pipiden Gattung *Hymenochirus* beobachten. Obwohl kein derartiger Hinweis in der Literatur existiert, gelang es mir regelmäßig, die Kahnstellung vor allem bei *Hymenochirus boettgeri* herbeizuführen.

So interessant die munteren Unken auch sein mögen, so abwechslungsreich die Beobachtung ihrer Verhaltensweisen ist, mit den pipiden Fröschen sind sie doch in keiner Weise vergleichbar. Spielt sich das Unkenleben vorwiegend an der Wasseroberfläche und in seichten Uferregionen ab, so beherrschen die Pipiden die Tiefe des Wassers. Dort jagen und fressen sie, selten steigen sie zum Wasserspiegel auf — meist nur um Luft zu holen. Pipiden in einem Aquaterrarium unterzubringen, hieße weitgehend auf das Miterleben ihres Verhaltens verzichten. Wir wollen aber Frösche halten, die den exotischen Fischen Konkurrenz zu machen in der Lage sind. Wir wollen nicht nur auf das Wasser sehen, sondern in den Miniaturteich hineinschauen, wollen eindringen in das Reich und in das Leben der Pipiden. Darf ich mit der Vorstellung beginnen?

Who is who bei den Pipiden

Auch bei ewig nassen Wasserfröschen ist das Trockenste die Systematik. Auslassen aber kann man dieses Kapitel auch wieder nicht.

Wo stehen die Pipiden im Stammbaum der Froschlurche ? Auf diese Frage eindeutig zu antworten, hieße mehr zu wissen als die Wissenschaft. Denn: dem meistens angewandten, dem Standardsystem der Anuren, das der Amerikaner NOBLE 1922 erarbeitete, steht heute ein zweites, auf der Morphologie (Lehre von den äußeren und inneren Formverhältnissen der Tiere) der Kaulquappen aufbauendes gegenüber: das ORTONsche System (1957).

Für die Position der Pipiden im Anurensystem bedeutet die Wahl zwischen beiden Meinungen einerseits die Stellung als Familie — neben der Familie der Scheibenzüngler *(Discoglossidae)* — in der Unterordnung *Opisthocoela*

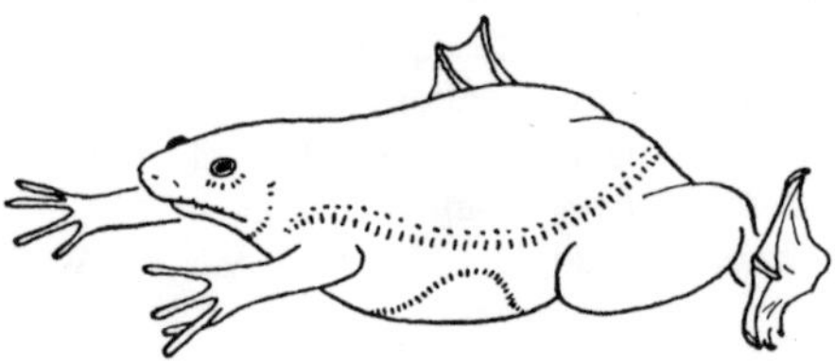

Bild 2. Bei Xenopus sind die Seiten- oder Lateralisorgane an den Flanken und am Kopf des Tieres besonders gut zu sehen. (Schema nach Herter.)

(so benannt wegen des Vorhandenseins konvex-konkaver Wirbel) oder sind die Pipiden mit Einbeziehung eines mexikanischen Wühlfrosches eine eigene Gruppe (Unterordnung) neben drei weiteren. Welches der Systeme das gültigere darstellt, ist für den Praktiker der Zoologie, den Vivarianer, von geringer Bedeutung. Wichtig ist, daß beide Systeme die Pipiden als eine in sich geschlossene „Gruppe" anerkennen.

Sie haben eine Reihe bedeutender gleichartiger Merkmale: So fehlt allen Pipiden die Zunge; „Zungenlose" *(Aglossa)* werden sie daher auch öfter genannt und den Zungenbesitzern *(Phaneroglossa)* gegenübergestellt. Die populäre Bezeichnung Krallenfrösche verdanken sie den, allerdings nicht bei allen Arten vorhandenen, hornigen Krallen an den drei (bzw. zwei) Innenzehen. Außerdem haben die Pipiden keine Augenlider (einzige Ausnahme: *Pseudhymenochirus*) und schließlich sind sie durch die einheitliche

Ausstattung mit sogenannten Seiten- oder Lateralisorganen gekennzeichnet, die vor allem bei *Xenopus* leicht zu entdecken sind; zahlreiche kleine, sich hell von der dunklen glatten Haut abhebende Epidermiskegel sind wie zu einem Muster geordnet am Kopf und an den Flanken der Tiere verteilt (Skizze).

Daneben verbindet noch die ökologische Gemeinsamkeit — nämlich ihre rein aquatile Lebensweise — das Völkchen der Pipiden. Auch im Verhalten zeigen sich — wie wir später noch sehen werden — deutliche Parallelen.

Auch die Kaulquappen der Pipiden zeigen Homologien; sie besitzen paarige „Spiracula", während die anderen Froschlurche nur *eine* Atemöffnung, die meist asymmetrisch gelegen ist, haben. Alles in allem ist eine deutliche Beziehung zwischen den genannten Merkmalen und der Lebensweise vorhanden, d.h. die Charakteristika der Pipiden, die wir auch zur groben Artuntersuchung verwenden, sind größtenteils Spezialisierungen für das dauernde Wasserleben.

Die rezenten (heute noch lebenden) Pipiden bewohnen sozusagen zwei „Inseln": die Gattung Pipa lebt in Südamerika und die anderen Gattungen am afrikanischen Kontinent. Zumeist sind die Pipiden Bewohner der tropischen Zone, und hier wieder der Gewässer des Tropenwaldes. Nur wenige Species werden regelmäßig in Wasseransammlungen des offenen Geländes gefunden. Bei der Besprechung der einzelnen Arten werde ich mehr darüber sagen.

Insgesamt kennt man heute 14—15 Arten und Rassen pipider Frösche, die vier Gattungen angehören: *Pipa, Xenopus, Hymenochirus* und *Pseudhymenochirus.*

Die südamerikanischen Arten

Die südamerikanische Gattung *Pipa* ist am längsten bekannt: schon im Jahre 1705 beschrieb Sibille von Merian diese sonderbaren „Kröten" bzw. nur die „Wabenkröte" *(Pipa americana = Pipa pipa)* aus Surinam, denn diese eine Art sollte sehr lange die einzige bekannte bleiben. Erst zu Beginn des 20. Jahrhunderts wurden dann die übrigen *Pipa*-Arten gefunden und beschrieben. Heute sind der Wissenschaft fünf Arten bekannt: *Pipa pipa, Pipa parva, Pipa snethlageae, Pipa aspera* und *Pipa carvalhoi.* Bei allen diesen Arten trägt das Weibchen die Eier in „Taschen" auf ihrem Rücken. Sofort erkennt man die Pipas aber an ihren Fingern, mit Recht wurden sie früher als „Sternfingerkröten" bezeichnet. Den Abschluß jedes Fingers bildet nämlich ein sogenanntes „sternförmiges Organ", eine vierstrahlige Bildung, die wahrscheinlich zur Aufnahme taktiler Reize dient.

Betrachtet man das Erscheinungsbild aller fünf *Pipa*-Arten, so bemerkt man sofort eine Zweiteilung dieser Gruppe. Einerseits flache breite Formen — der vulgäre Ausdruck „Flade" träfe auf diese Gestalten vortrefflich zu — und andererseits kleinere, weniger abgeflachte Species, die sogar etwas an den afrikanischen Krallenfrosch *Xenopus* erinnern. Die beiden großen Arten sind *Pipa pipa* und *Pipa snethlageae.*

Die meisten dieser Arten kommen leider kaum oder nur äußerst selten in den Tierhandel, und der Vivarianer kann mit etwas Glück bestenfalls *Pipa pipa* erwerben. Die Mühe, einige Pipas zu bekommen, macht sich jedoch, wie wir noch sehen werden, unbedingt bezahlt. Außerdem kann man hoffen, daß sich schon in naher Zukunft die Importsituation bessert. Deshalb wollen wir auch die seltenen *Pipa*-Arten hier kurz besprechen. Denn eines steht fest: Eigentümlichkeiten haben sie genug.

Wenn dem Vivarianer eine „Pipa" angeboten wird und weder der Lieferant noch der Tierhändler mehr über das Tier zu sagen vermögen, so kann folgende Anleitung zur Artbestimmung nützlich sein: Zuerst betrachten wir die Hinterbeine. Die Bezeichnung „Krallenfrösche" haben wir schon gehört, und was läge näher, als die Krallen einmal in Augenschein zu nehmen. Hierbei erleben wir aber bereits die erste Überraschung: Nur eine *Pipa*-Art — nämlich *Pipa carvalhoi* — hat drei Krallen; *Pipa aspera* und *Pipa parva* haben zwei, und der bekannten *Pipa pipa* fehlen sie ebenso wie *Pipa snethlageae.* Bleiben wir bei den beiden letzten: Will man diese beiden Arten nach ihrem Äußeren unterscheiden, so inspiziert man am besten erst einmal die Fingerspitzen; das sternförmige Organ von *Pipa pipa* besteht aus vier Strahlen, deren Spitzen wiederum vier Zacken aufweisen. Diese Zacken fehlen bei *Pipa snethlageae.* Außerdem besitzt *Pipa snethlageae* zahlreiche kurze, tentakelähnliche Fortsätze in der Mund- und Schlundgegend, während bei *Pipa pipa* zusätzlich große „Hautfetzen“ — ausgefranste flache Anhängsel — in den Mundecken und einer an der Schnauzenspitze vorhanden sind. Das sollte fürs erste genügen. Nun aber gilt es, noch *Pipa parva* und *Pipa aspera,* die beiden zweikralligen Arten zu unterscheiden. Hier helfen dem Vivarianer nur die sternförmigen Organe, die bei *Pipa parva* sonderbar ausgebildet sind: Zwei Strahlen der „Sterne“ sind lang und die zwei übrigen deutlich kürzer. Auch sind bei *Pipa parva* noch schwache Ansätze von Schwimmhäuten zwischen den Fingern zu entdecken.

Durch eine weitere Besonderheit unterscheiden sich die großen flachen Arten von den rundlicheren Zwergpipas. Die Eier versinken in der Rückenhaut des Weibchens, die einzelnen Täschchen schließen sich, während die Waben (Wabenkröte!) der großen Arten offen bleiben und auf den ersten Blick zu erkennen sind. Die Größe der Eier ist unterschiedlich. *Pipa carvalhoi* und *Pipa parva* haben sehr kleine, maximal 2 mm große Eier, während die drei anderen Arten große Eier produzieren. Mit der Eigröße geht eine weitere charakteristische Erscheinung parallel: Bei den Pipas mit kleinen Eiern schlüpfen die Kaulquappen aus den Täschchen der Mutter, bei den Formen mit großen Eiern sind es bereits fertige Fröschchen, die die Waben verlassen. Man kann deshalb bei den Wabenkröten von einer direkten Entwicklung sprechen.

Die Angaben über die Fundorte der *Pipa*-Arten sind spärlich. Die erst 1937 beschriebene Art *Pipa carvalhoi* sammelte man in ca. 1000 m hoch gelegenen brasilianischen Gewässern und nach heftigen Regenfällen sogar am Ufer ihres Heimatteichs. Auch die in Kolumbien und Venezuela vorkommende *Pipa parva* fand man am Ufer. Diese Beobachtung ist aber kein Beweis für eine nicht rein aquatische Lebensweise der Pipas. *Pipa aspera* ist aus Guayana bekannt, *Pipa snethlageae* nur aus dem Mündungsgebiet des Amazonas und *Pipa pipa* aus weiten Teilen des nördlichen Südamerika.

In vielen wissenschaftlichen Arbeiten und Nachschlagewerken tauchen die Bezeichnungen *Hemipipa* und *Protopipa* neben *Pipa* auf, es werden also drei Gattungen genannt. Die Aufteilung der fünf beschriebenen Arten in drei Gattungen stammt von früheren Autoren, die die Bezahnung dieser Tiere als Grundlage benutzten. Noch in Nobles klassischem Werk über die Biologie der Amphibien findet man die Teilung in *Protopipa* und *Pipa.* Die Vereinheitlichung finden wir schließlich bei Dunn (1948), einem Herpetologen, dem wir die umfassendste Gesamtdarstellung südamerikanischer Pipiden verdanken.

Die Haltung der Pipas bereitet kaum Schwierigkeiten. Nur eine Forderung ist unumgänglich: ein großes Aquarium. Vor allem *Pipa pipa*, als die größte der Pipiden, stellt Platzansprüche. Die Durchschnittsgröße dieser Art (Kopfrumpflänge) beträgt 120 mm (Dunn gibt sogar 200 mm an). Zum Vergleich sei die Größe von *Pipa parva* genannt: 40 mm.

Rabb züchtete *Pipa pipa* in einem 70 Liter-Aquarium, aber diese Größe ist wohl als ein Minimum anzusehen. An der Universität Wien (Zoologisches Institut) gelang die Zucht in einem Becken mit rund 280 Liter Fassungsraum, ein Riesenaquarium, gewiß, aber schon in Anbetracht des Fortpflanzungsverhaltens (s. S. 39 ff.) muß es als keineswegs zu groß bezeichnet werden.

Tagsüber liegen die Tiere träge am Boden, meist in einer dunklen Ecke des Behälters. Häufig drängen sie sich zusammen und kommen nicht selten übereinander zu liegen. In der Dämmerung sind sie etwas aktiver, alles in allem aber keineswegs sehr lebhaft. Beim Luftholen allerdings oder wenn die Pipas aufgeschreckt werden, erweisen sie sich — was man von ihnen wirklich nicht erwarten würde — als überaus bewegliche, behende Schwimmer. Daß diese Frösche auch blitzartig reagieren können, zeigt sich bei der Nahrungsaufnahme, ebenso steigert sich ihre Agilität bei der Paarung bedeutend. Die Wassertemperatur im *Pipa*-Becken sollte 20° C nicht unterschreiten und dürfte mit 26° C ihren Idealwert haben. Eine starke Bepflanzung erweist sich als nicht sehr günstig. Die Pipas haben nämlich offensichtlich Schwierigkeiten, die Futtertiere im dichten Pflanzengestrüpp zu erbeuten.

Auch leiden die Pflanzen unter den heftigen Schwimmstößen oder dann, wenn die Tiere ein Versteck suchen. Einige mehr dekorative Großpflanzen sind am ehesten anzuraten. Den Wasserstand kann der Vivarianer nach Belieben wählen; Rabb beispielsweise fand in seinen Aquarien eine Wassertiefe von nur 28 cm ausreichend, während sich die von mir beobachteten Tiere bei einem Wasserstand von etwa 80 cm wohlfühlten.

Die afrikanischen Arten

Zu den Attraktionen eines Zirkus gehören ohne Zweifel die Clowns. Wer Attraktionen im Aquarium liebt, der halte sich *Xenopus*. Keine bestimmte Art, einfach *Xenopus*, denn alle Vertreter dieser Gattung ähneln einander; nicht nur im Aussehen, sondern in ihren Hanswurstiaden. Ganz im Gegensatz zu den oft behäbigen Pipas sind die *Xenopus*-Arten muntere Kerle, stets aktiv, stets hungrig und, wie es dem Beobachter erscheint, stets erfüllt von schier unstillbarer Neugier. *Xenopus laevis* ist die bekannteste Art und außerdem die am häufigsten im Handel angebotene. Nicht nur Zoologen und Vivarianer interessieren sich für *Xenopus laevis*, sondern auch Gynäkologen und medizinische Labors. Denn *Xenopus laevis* wird auch als Versuchstier für die Schwangerschaftsdiagnose gebraucht (mehr darüber S. 46). Dementsprechend sind auch die Berichte über die Haltung und Pflege von *Xenopus laevis* zahlreich und es fehlt nicht an guten — leider oft sich widersprechenden — Ratschlägen. Folgende Grundregeln sollte aber jeder Vivarianer beachten, sie gelten für alle *Xenopus*-Arten. Zuerst die Lieblingstemperatur: Empfohlen kann eine Durchschnittstemperatur von 26—28° C werden, wobei festgehalten werden muß, daß gerade die *Xenopus*-Arten zäh im Ertragen sowohl niedriger wie auch extrem hoher Temperaturen sind. Dickinson (1949) beispielsweise berichtet, daß *Xenopus laevis* Werte zwischen 40—50° C überstehen kann, ohne Schaden zu nehmen, während Lerch (1948) einen überstandenen Negativrekord von 2—3° C vermeldet.

Nach Meinung vieler Wissenschaftler sollten die Tiere im Winter kühler gehalten werden. Vor allem wer züchten will, sollte diesen Rat nicht übersehen! Die Tiere haben eine Ruheperiode und zeigen mit steigendem Thermometer auch steigende Lebenslust. Obgleich jeder Autor sozusagen einen Idealwasserstand empfiehlt, ist die Tiefe des künstlichen Teiches vollkommen nebensächlich. Nur gegen das Herausspringen der Tiere sollten auch beim *Xenopus*-Becken Vorsichtsmaßnahmen ergriffen werden. Einzurichten sind die Aquarien für *Xenopus*-Arten wie folgt: grober Sand oder noch besser Kies für den Bodengrund — eine Trübung des Wassers durch allzu temperamentvolle Bewegungen kann so vermieden werden. Ebenso muß die Bepflanzung der Aktivität der Frösche angepaßt sein; großen Wasserpflanzen ist auch hier der Vorzug zu geben.

Die Trennung der Geschlechter ist bei *Xenopus*-Arten — im Gegensatz zu den übrigen Pipiden — sehr einfach. Die Weibchen sind leicht zu erkennen.

Bild 3. Die Xenopusweibchen sind leicht zu erkennen; sie haben drei lappige Fortsätze an der Kloakenmündung. Männchen (links); Weibchen (rechts).

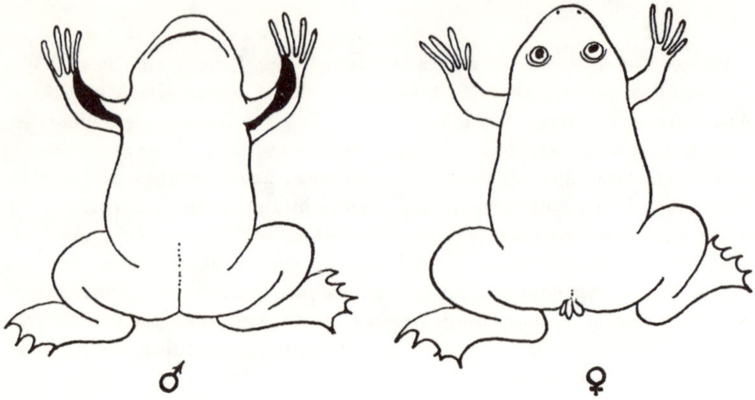

Sie haben drei lappige Fortsätze an der Kloakenmündung, die von oben zu sehen sind. Die *Xenopus*-Herren kann man, vor allem in der Fortpflanzungszeit bzw. -stimmung erkennen, und zwar an ihren dann deutlich hervortretenden dunklen Streifen an der Innenseite der Vorderbeine, die außerdem, streicht man mit dem Fingerballen darüber, als rauhe Stellen gespürt werden können.

Die Artbestimmung ist bei der Gattung *Xenopus* keineswegs so einfach wie bei *Pipa*. Sechs Arten stehen bislang fest, aber für den Pipidenpfleger in spe sehen alle sehr ähnlich aus. Die Oberseite der Tiere ist bei allen Species unauffällig, braun bis oliv; ihre Haut ist glitschig (beachte „laevis" = glatt), und auch drei Hornkrallen an den Innenzehen haben alle gemeinsam. Außerdem haben alle Vertreter dieser Gattung ausgedehnte Schwimmhäute zwischen den Zehen, keine dagegen zwischen den Fingern, und nach oben gerichtete Nasenlöcher. Leicht ist also ein *Xenopus* zu erkennen. Um welche Art *Xenopus* es sich aber handelt, ist weiterhin ungeklärt. Als nächstes Ziel unserer systematischen Untersuchung möchte ich eine Betrachtung der Augengegend vorschlagen. Befindet sich knapp unterhalb der Augen ein deutlicher subokulärer Tentakel, ein sogenannter Augenfühler — der nichts anderes als eine Verlängerung des Tränenkanals (SOKOL) ist — und erreicht dieser etwa die Länge des halben Augendurchmessers, dann kann es nicht *Xenopus gilli* und kaum *Xenopus clivii* oder *Xenopus laevis* sein. *Xenopus gilli* fehlt nämlich der Augenfühler und bei *Xenopus clivii* und *Xenopus laevis* ist er verschwindend klein (Klingelhöffer betont das Fehlen dieser Tentakel nur bei *Xenopus tropicalis*, einer Art also, die gerade durch ihre relativ großen Augenfühler auffällt).

Schließen wir aber, weitergehend in unserer Grobsystematik, die tentakellosen Arten und solche mit sehr kleinen Tentakeln aus, verbleiben nur mehr drei Species: *Xenopus tropicalis*, *Xenopus fraseri* und *Xenopus mülleri*. Bei diesen drei Arten betrachten wir zunächst den Mittelfuß. *Xenopus tropicalis* und *Xenopus fraseri* besitzen einen hornigen „Mittelfußhöcker" oder „Mittelfußsporn", wie verschiedene Autoren dieses Gebilde nennen. Fehlt diesem Metatarsalhöcker das hornige Element, dann haben wir *Xenopus mülleri* vor uns. Diese Art ist weitverbreitet und kommt in Zambia, Moçambique, Angola, im Kongo, in einigen Gebieten Nigerias und in Dahomey vor. Von den Eingeborenen wird *Xenopus mülleri* „Hamuru" oder „Kisisulu" genannt. Als Fundorte werden Flußläufe, tiefe Quellen und von den Eingeborenen angelegte Badeteiche genannt. *Xenopus mülleri* wird bis 90 mm groß und zeigt eine braunolive bis schmutziggraue Rückenfärbung. Außerdem sind auf der Oberseite einige schwarze bzw. dunklere Flecken zu erkennen. Der Bauch ist heller, gelblich-weiß gefärbt, und um die Pupillen zieht sich ein schmaler goldglänzender Ring. Beschrieben wurde *Xenopus mülleri* erstmals von Peters im Jahre 1844, allerdings unter der Bezeichnung *Dactylethra mülleri*. Als nächste Art betrachten wir *Xenopus tropicalis*. Diese Species ist am Rücken dunkeloliv, gelbweiß am Bauch, die Kehle ist häufig mit zarten braunen Tüpfchen bedeckt; sie kommt sowohl in stehenden als auch in rasch fließenden Gewässern der Waldgebiete Guineas, Französisch-Afrikas, ja bis Angola vor. Die Augen von *Xenopus tropicalis* sind relativ klein.

Und nun *Xenopus fraseri*. Beschrieben wurde diese Art von Boulenger im Jahre 1905. Dem Verbreitungsgebiet nach überschneidet sich diese Art mit *Xenopus tropicalis*. Parker (1936) trennt *Xenopus tropicalis* und *fraseri* u. a. durch die unterschiedliche Augengröße, wobei *Xenopus fraseri* die weit größeren Augen besitzen soll. Noble (1924), dem ein großes Material für seine Untersuchungen zur Verfügung stand, führte dagegen aus, daß die starken Variationen bei *Tropicalis*-Exemplaren eine sichere Trennung von *fraseri* gewagt erscheinen lassen. Er vertrat sodann den Standpunkt, daß *Xenopus fraseri* nicht eine eigene Art, sondern auch *Xenopus tropicalis* sei. Solche Korrekturen sind in der Systematik nicht selten. Manche Forscher haben schon in der ersten überschwenglichen Begeisterung altbekannte Tiere für Neuentdeckungen gehalten und als solche beschrieben. Im Falle von

Xenopus fraseri jedoch ist das Urteil noch nicht bekräftigt. SOKOL (1960) beispielsweise läßt *Xenopus fraseri* noch gelten, während HERTER (1955) und ROSE (1950) *fraseri* nicht mehr als eigene Art registrieren.

Xenopus laevis und *Xenopus gilli*, um in unserer Artendiagnose fortzufahren, haben keine Verhornung der Metatarsalhöcker aufzuweisen und, wie gesagt, auch keine oder nur sehr klein ausgebildete Augenfühler. *Xenopus laevis* ist ohne Zweifel der am weitesten verbreitete *Xenopus*, kommt er doch in allen afrikanischen Steppengebieten südlich der Sahara vor. In Südafrika tritt er mit *Xenopus gilli* gemeinsam auf, wo *Xenopus gilli* aber nur ein bescheidenes Verbreitungsgebiet in der Umgebung von Kapstadt hat. *Xenopus laevis* ist auch die größere Art und unterscheidet sich von *gilli* in der Bezahnung und durch abweichende Färbung der Unterseite. *Xenopus laevis* ist am Bauch uni gelblich-weiß getönt, während *gilli* zusätzlich kleine schwarze Punkte und Flecken besitzt, die teilweise ineinander übergehen. Entdeckt wurde *Xenopus gilli* erst 1927 durch ROSE.

Der Platanna, so wird *Xenopus laevis* in Südafrika genannt, ist schon 1803 von DAUDIN — zuerst allerdings als *Bufo laevis* — beschrieben worden. Von den Eingeborenen wird *Xenopus laevis* gesammelt und in getrocknetem Zustand als Diätnahrung verkauft. *Xenopus clivii* kommt in Äthiopien, und in einigen Gebieten Kenias vor; er besitzt am Metatarsalhöcker eine schwarze Verhornung, wodurch er leicht von *Xenopus laevis* zu unterscheiden ist.

War schon bei der Gattung *Xenopus* die Artbestimmung äußerst schwierig, so machen es uns die Vertreter der Gattung *Hymenochirus* nicht leichter; leider sogar noch schwieriger. Deshalb seien zuerst die Gattungsmerkmale, die Kennzeichen, die für alle Species zutreffen, angeführt. Auch hier beschränke ich mich auf die für Vivarianer wichtigen Charakteristika, also auf die äußeren, deutlich feststellbaren Merkmale. Dazu zählen: rauhe Haut, durchwegs drei Krallen an den Innenzehen, Schwimmhäute auch zwischen den Fingern und eine geringe Körpergröße. Die durchschnittliche Kopfrumpflänge beträgt 30 mm. Die Nasenlöcher liegen, im Gegensatz zu *Xenopus*, stets an der Schnauzenspitze. Alle diese Merkmale treffen auch für *Pseudhymenochirus merlini*, der einzigen, 1920 gefundenen Art dieser Gattung, zu; der einzige Unterschied zu *Hymenochirus* ist der Besitz von Augenlidern.

Wie unsicher selbst die Herpetologen bei der Bestimmung der *Hymenochirus*-Arten sind, sieht man daran, daß gegensätzliche Meinungen — ob es sich bei den fünf *Hymenochirus*-Vertretern um Arten oder nur um Rassen handelt — existieren. Ja sogar die Eigenständigkeit der Gattung *Pseudhymenochirus* wird immer wieder angezweifelt und eine Eingliederung von

Pseudhymenochirus merlini in die Gattung *Hymenochirus* verlangt. Dem Vivarianer bleibt, angesichts der Unsicherheit der Zoologen, also nichts übrig, als sich mit generellen Merkmalen zufriedenzugeben. Ein Trost nach diesem Bekenntnis: Die Larven — soweit sie bisher beschrieben wurden — zeigen arttypische Erkennungszeichen. Darauf soll bei der Beschreibung der Kaulquappen (S. 49 ff.) näher eingegangen werden.

Die bis heute bekannten *Hymenochirus*-Arten (-Rassen) stammen alle aus dem westlichen Afrika. Es sind dies *Hymnenochirus curtipes, Hymenochirus boulengeri, Hymenochirus boettgeri, Hymenochirus feae (=Hymenochirus boettgeri feae)* und *Hymenochirus boettgeri camerunensis.*

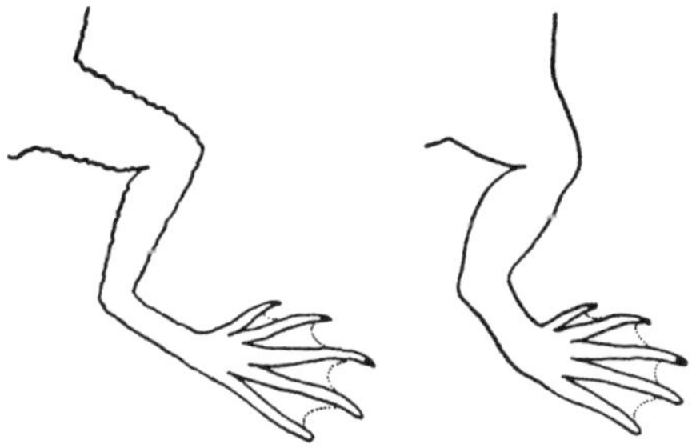

Bild 4. Die Curtipes-Rassen haben kürzere Unterschenkel und eine feinkörnigere Haut als die Boettgeri-Rassen, Hymenochirus boettgeri (links); Hymenochirus curtipes (rechts).

Nach den neuesten Untersuchungen und Literaturangaben dürfte eine Teilung der Gattung *Hymenochirus* in zwei Rassenkreise richtig sein — in den *Boettgeri*-Rassenkreis und in den *Curtipes*-Rassenkreis. Zu dem *Curtipes*-Rassenkreis wäre neben *Hymenochirus curtipes* auch *Hymenochirus boulengeri* zu zählen, die im Gegensatz zu den drei Vertretern des *Boettgeri*-Rassenkreises zwei gemeinsame Merkmale besitzen: kürzere Unterschenkel und eine feinkörnigere Haut. Wer aber hat schon das nötige Vergleichsmaterial zur Hand, um solche nur relativen Unterschiede festzustellen?

Ihrer Verbreitung nach sind die beiden Arten *curtipes* und *boulengeri* ebenfalls Nachbarn. *Hymenochirus curtipes* kommt im Unteren Kongobecken vor, während *boulengeri* das Mittlere Kongobecken bewohnt. Die Meinung NOBLES, daß *Hymenochirus curtipes* nur in unbewaldeten Gebieten zu finden ist — im Gegensatz zu den *Boettgeri*-Formen, die in Waldgegenden vorkommen — hat sich nicht bestätigt.

Die Vertreter des *Boettgeri*-Rassenkreises sind relativ leicht zu unterscheiden. Die Unterseite von *Hymenochirus boettgeri camerunensis* z. B. ist mit zahllosen Tupfen und Flecken besetzt. *Hymenochirus boettgeri camerunensis* stammt, wie der Name schon sagt, aus Kamerun, wo er 1957 von den Herpetologen PERRET und MERTENS gesammelt und als neue Unterart beschrieben wurde. *Hymenochirus boettgeri*, kenntlich an den auffallend großen „Warzen" an den Körperseiten und — wie schon gesagt — an den langgestreckten Unterschenkeln, ist braungrau auf der Oberseite und gelbbraun auf der Bauchseite gefärbt. *Boettgeri* ist die am längsten bekannte *Hymenochirus*-Art. Sie wurde bereits 1896 (als *Xenopus boettgeri*) beschrieben. *Hymenochirus boettgeri feae*, eine nahezu schwarze Unterart, ist am Fehlen der vergrößerten „Warzen" zu erkennen sowie an den Schwimmhäuten, die sowohl an den Fingern als auch an den Zehen bis zu den Spitzen reichen. Regelmäßig tauchen *Hymenochirus*-Arten (meist nur *boettgeri*, manchmal auch *curtipes*) im Handel auf und werden unter phantasievollen oder falschen Namen angeboten; beispielsweise als „Zwergxenopus" oder als „afrikanische Wasserfrösche".

An die Pflege stellen jedoch alle *Hymenochirus*-Arten (bzw. Unterarten) die gleichen — oder besser: gleich geringe — Ansprüche. Sie fühlen sich bei Temperaturen zwischen 20 und 28° C ausgesprochen wohl, und da sie sich die meiste Zeit auf der Jagd befinden, sind sie interessante Beobachtungsobjekte.

Schwierigkeiten mit Froschmenüs?

Viel leichter und kürzer als den Speisezettel der pipiden Frösche aufzuzählen ist es, das zu nennen, was nicht gefressen wird. Denn abgelehnt wird wenig, schnabuliert fast alles. Zumindest von der Gattung *Xenopus*. Und da diese Arten auch am leichtesten erhältlich sind, wird ein Großteil der Vivarianer — der sich zur Haltung pipider Frösche entschlossen hat — mit *Xenopus* beginnen.

Will man also die Lieblingsspeisen seiner Pfleglinge ermitteln, so bietet man verschiedenartiges Futter und stellt im Ausleseverfahren fest, was schmeckt und was nicht. Diese Methode ist mühsam. Leichter ist es, erst einmal die Fachliteratur nach Hinweisen zu studieren und die Erfahrungen der Erfahrenen anzuwenden. Für *Xenopus* finden wir eine Menge verschiedenartigster Tips, für Pipas leider weniger.

Eine große Hilfe bieten Magenuntersuchungen, die viele Wissenschaftler bei der Sektion ihrer Fundstücke durchführen. Solche Analysen gibt es von *Xenopus mülleri* und *Xenopus tropicalis*, beides Arten, die besondere Geschicklichkeit bei der Jagd nach Insekten, die knapp über dem Wasserspiegel dahinfliegen oder aufs Wasser gefallen sind, beweisen. Noble, der die Untersuchungen durchführte, fand zahlreiche Termiten, Ameisen, Käfer, Käferlarven und Kaulquappen — sowohl der eigenen Sippe als auch der weiteren Verwandtschaft — im Magen der genannten Arten. Wir schließen daraus: Was dem *Xenopus* in der freien Natur billig ist, sollte ihm in der Gefangenschaft recht sein, und setzen den Fröschen mit bestem Erfolg nebst Kaulquappen, z. B. vom Grasfrosch *(Rana temporaria)* oder dem grünen Wasserfrosch *(Rana esculenta)*, auch glatte Raupen, Fliegen, ja gelegentlich sogar Heuschrecken vor, vorausgesetzt natürlich, daß die Jahreszeit das Einbringen solcher Nahrung erlaubt. Mehlwürmer können in Notzeiten ebenfalls als *Xenopus*-Futter herhalten, doch ist die Begeisterung für diese Ernährung bei den Fröschen nicht allzu groß. Schließlich sind auch alle dem Fischzüchter bekannten Futterarten bestens geeignet: Tubifex, Mückenlarven und Daphnien. Für die *Xenopus*-Vielfraße sind das allerdings ausgesprochene Miniaturportionen. Ihrem Appetit entspricht eher ein mittelgroßer Regenwurm oder ein ebenso großes Stück Leber oder Fleisch; wer ihnen aber eine ganz besondere Delikatesse vorsetzen will, der opfere gelegentlich einige Guppys (Zahnkarpfen) oder reiche den Feinschmeckern bisweilen einen Brocken Topfen. (Apropos: Eine Guppyzucht als Froschfutterreservoir — vorausgesetzt natürlich, daß Platz für ein zusätzliches Aquarium vorhanden ist — hat ohne Zweifel große Vorteile.)

Die *Hymenochirus*-Arten sind ebenfalls nicht wählerisch in ihren Futteransprüchen. Sie sind jedoch auf kleine, sich langsam bewegende Beute spezialisiert. Ihnen ist am liebsten eine Cyclops-Daphnien-Tubifex-Kost, die gelegentlich durch ein Festessen von Mückenlarven *(Chironomus* oder *Culex)* erweitert werden kann. Ihre Bedürfnisse lassen sich also ohne Schwierigkeiten und ohne großen finanziellen Aufwand in der nächsten Zoohandlung decken.

Pipa pipa schließlich — meine Erfahrungen beziehen sich nur auf diese Art, die auch am häufigsten im Handel auftaucht — ist ernährungsmäßig eher ein Sorgenkind. *Pipa* nimmt in der Regel nur lebendes Futter, und obwohl RABB seine Tiere erfolgreich mit an einem Draht bewegten Leber- und Fleischstücken ernährt hat, nahmen die Pipas im Zoologischen Institut der Universität Wien nur *Phoxinus phoxinus* (Elritzen) und andere Fische, die den Elritzen an Gestalt ähnlich sind. Hochgebaute Fische, wie etwa *Leuciscus* oder *Scardinus*, wurden dagegen kaum behelligt; sie passen in ihrer vertikalen Schwimmlage auch nicht in das enge Pipamaul.

Neben allen nun zitierten Lieblingsmenüs bleibt es dem Vivarianer selbstverständlich unbenommen, noch mit anderen Futterarten zu experimentieren. Diese Versuche werden keinen Pipidenpfleger langweilen.

Das pipideneigene Freßverhalten

Alle Regeln, die Freiherr von Knigge über das Benehmen bei den Mahlzeiten je aufgestellt hat, strafen die Pipiden Lügen. Sie verwenden die Hände, sind gierig und zänkisch, schlürfen, schnappen und spucken sogar. Und eine Eigenschaft, die haben allesamt gemeinsam: Sie sind immer hungrig.

Was das Benehmen betrifft, so könnte man Nachsicht üben: Abgesehen davon, daß Knigge nun einmal nicht für Frösche gelehrmeistert hat, halten die Pipiden ihre Mulaczaks ohnedies stets unter Wasser. Und wer trotzdem ihr Benimm nicht zu entschuldigen gedenkt, dem kann man nur raten, selbst einmal subaquatisch zu dinieren. Er käme bald zu folgendem Schluß: Ein terrestrisches Lebewesen kann mit seiner mehr oder weniger spezialisierten anatomischen und verhaltensmäßigen Ausrüstung nichts oder kaum etwas unter Wasser anfangen. Das Wasser ist schließlich ein dichtes Medium, und wollte sich ein hungriger „Landfrosch" einen vorbeischwimmenden Fisch unter Wasser ergattern, so wurde er gewiß die so verlockend nahe Beute durch den Wasserstrom — der beim Zuschnappen der Kiefer entsteht — wieder wegspülen. Wie aber gelingt es den vollaquatischen Fröschen, dennoch zu ihrer Beute zu kommen? Wie umgehen diese Arten das Risiko, sich selbst ihr Futter immer wieder wegzuspülen? Nun, Mutter Natur hat auch dieses Problem gelöst: Bei manchen Arten auf simple, bei den Pipiden — wie wir noch sehen werden — auf höchst komplizierte Art.

Schon Form und Gestalt der Kiefer sind ihrer Funktion angepaßt. Je breiter die Kiefer, desto größer der Mund — lautet hier die Regel, und weiter ergibt sich der logische Schluß: Je größer der Mund, desto mehr Wasser findet beim Schnappen in ihm Platz. Der Sog ist dadurch entsprechend stark, das Beutetier wird tief eingesaugt und kann nicht mehr entkommen. Dieses System finden wir beispielsweise bei der Art *Calyptocephalella gayi*.

Dieser Primitivlösung steht die sogenannte „Hyoidpumpe" der Pipiden, die erstmals von Willem (1936) beschrieben wurde, gegenüber. Hier entsteht ein gewaltiger Sog beim Maulaufreißen, der durch einen eigenartigen Bau der ventralen Schultergürtelteile und der levator-scapulae-inferior-Muskulatur, wie es Sokol (1960) nachweisen konnte, herbeigeführt wird.

Grundsätzlich läßt sich beim Freßverhalten der pipiden Frösche ein Zwei-Phasen-Komplex feststellen, aber nur die Pipa-Arten haben diesen Schemazustand unverändert beibehalten. Bei ihnen lassen sich die beiden Phasen deutlich erkennen und unterscheiden.

Phase 1: Freßstoß und Aufreißen des Maules,
Phase 2: die „Handarbeit".

Aber gehen wir der Reihe nach vor: Die *Pipa*-Arten sind ausgesprochene Nachtvögel, um nicht den Terminus „Nachtfrösche" neu prägen zu müssen. Sie sind außerdem passive Räuber. Träge liegen sie die längste Zeit am Boden des Aquariums, und erst, wenn ein Beutetier sich allzu nahe herangewagt hat, offenbart sich ihre kalte Räubernatur. Blitzartig schnellen sie sodann nach vorne, reißen das Maul weit auf, und schon verschwindet das Opfer in ihrem Rachen. Ebenso rasch kehren sie mit Hilfe eines Rückstoßes wieder an ihren Platz zurück. Es sind perfekte „Freßstöße", denn kaum einmal kann der vorwitzige Futterfisch einem solchen Angriff entkommen. Die Reichweite der Freßstöße entspricht der Größe der Tiere: Eine ausgewachsene *Pipa pipa* schafft beispielsweise Stöße bis zu 10 cm.

Nach erfolgreichem Freßstoß beginnt die zweite Phase des typischen Freßverhaltens, die schon erwähnte „Handarbeit". Mit weit gespreizten Fingern klemmen die *Pipa*-Arten ihre Hände vor das Maul und bilden so eine Art Reuse, die das Entkommen der Beute verhindert. Häufig wird nämlich mit dem Futtertier auch Bodenmaterial wie Kieselsteine, Algenpolster und dergleichen mit aufgesaugt und muß nun vor dem Schlucken des Futters wieder ausgespieen werden. Die Hände sind auch ganz nützlich, wenn es gilt, eine noch zappelnde Beute kunstgerecht in den Schlund hineinzuschieben.

Dieses Freßverhalten in zwei Phasen wird strikte eingehalten, es macht auch verständlich, warum nur lebendes, zumindest aber bewegtes Futter angenommen wird. Auch die *Hymenochirus*-Arten sind perfekte Saugschnappfresser und überwiegend auf lebendes Futter eingestellt. Nur ein wesentliches Unterscheidungsmerkmal charakterisiert ihr Freßverhalten: Die zweite Phase ist kaum entwickelt. *Hymenochirus*-Arten jagen in erster Linie planktonische Organismen. Sie sind gar nicht in der Lage, größere Beute zu machen, was die Gefahr, daß die erjagten Tiere leicht wieder entkommen, ausschließt. Die Hände der *Hymenochirus*-Arten werden jedenfalls kaum zur Bändigung der Beute gebraucht, was durch das Vorhandensein der Schwimmhäute auch nicht erfolgreich wäre. Die Hände mit den Schwimmhäuten unterstützen vielmehr den kraftvollen Freßstoß dieser kleinen Räuber.

Oben. Ein Fisch mit vier Beinen. Sieht er nicht aus wie ein Clown im Wasser? (Foto vom Verfasser.)

Unten. Leichter zu halten als ein Goldfisch: Die Gelbbauchunke. (Foto: Uwe Höch.)

Ähnlich wie die Pipas lauern auch die *Hymenochirus*-Arten auf ihr Opfer. Eine Eigenart allerdings fehlt ihnen: die Geduld. Ist längere Zeit kein Beutetier vorbeigeschwommen, so werden sie vom Hunger übermannt und begeben sich aktiv auf die Jagd. Kriechend oder schwimmend bewegen sie sich über dem Aquarienboden oder gleiten die Glaswände entlang. Hände und Beine stehen dabei gleichwohl im Einsatz. Jede Spalte, jede Grube und jedes Versteck wird auf Freßbares untersucht, man kann sie mit „schnüffelnden Schweinen" vergleichen. Hat der Frosch beispielsweise einen im Sand vergrabenen Tubifexwurm entdeckt, so erjagt er ihn genauso wie eine schwimmende Beute — mit raschem und meist erfolgreichem Freßstoß. Besonders *Hymenochirus curtipes* erweist sich als Meister der Tubifexjagd, während *Hymenochirus boettgeri* besondere Fangtalente im freien Wasser demonstriert. Die Tubifexjagd der *Curtipes* ist besonders interessant zu beobachten. Hat der Frosch einen Wurm anvisiert — als Stimulans dürfte allein die optische Wahrnehmung in Frage kommen — so senkt er zuerst bedächtig den Kopf, schiebt sich näher und näher an das Beuteobjekt heran und stößt plötzlich zu. Schon hat er den Wurm zwischen den Kiefern und unter heftigem Einsatz der Beine zieht und zerrt er das Opfer behende im Rückwärtsgang aus dem Boden. Im Nu ist das Futtertier verspeist und weiter geht der Jagdausflug im hymenochiruseigenen Tempo. Die Vertreter der Gattung *Xenopus* schließlich sind die wildesten Raubritter unter den Pipiden. Ewig hungrig, geraten sie außer Rand und Band, „spüren" sie Futter in der Nähe. Ihre Unbändigkeit und die hektische Schnelligkeit ihrer Bewegungen machen es dem Beobachter auch besonders schwer, die typischen Phasen des Freßverhaltens zu erkennen. Der Freßstoß ist kaum mehr vorhanden. Dagegen ist die zweite Phase bedeutend verfeinert und als hochspezialisiert zu bezeichnen.

Die „Handarbeit" der *Xenopus*-Arten grenzt an artistisches Können. Raff- und Stopfbewegungen, wie sie Kramer trefflich bezeichnet hat, wechseln dabei mit „gestikulierenden" und „wischenden" Bewegungen ab. Immer wieder hat der Beobachter den Eindruck, daß diese Nimmersatte in panischer Angst, das Futter könnte ihnen verlorengehen, agieren.

Die Nahrung wird in der Regel durch blitzschnelles Anschwimmen erbeutet. Dabei übertreffen die Frösche der Gattung *Xenopus* ihre pipiden

Links. Die Krallenfrösche sind rauhbautzige Gesellen. Zarte Wasserpflanzen haben in ihrem Becken nichts verloren. (Foto: Gerhard Marcuse.)

Kollegen nicht nur an Aktivität, sondern auch im raschen und zielstrebigen Finden der Beute. Die Größe der Futtertiere ist dabei nur von untergeordneter Bedeutung. Ist das erjagte Tier klein, verschwindet es im Handumdrehen; ist es voluminöser, so wird mit den Händen nachgestopft, gleichzeitig mit den Hinterbeinen die Beute zurechtgezupft und im Falle des Falles auch durch Zerreißen tranchiert.

Raffen und Stopfen sind dabei Standardbewegungen, die bei der Jagd auf Daphnien gleichwie beim Schlingen eines riesigen Lumbriciden Verwendung finden. Selbst wenn die Beute entkommen konnte, stopft der enttäuschte Jäger die imaginären Futterstücke: eine typische Leerlaufreaktion. Beim Schlingen eines großen Brockens ziehen die Vielfraße häufig ihre Augen ein, manchmal eines, dann wieder beide; eine ulkig anzusehende Eigenart.

Länger gepflegte Krallenfrösche werden relativ zahm. Die Fütterung „aus der Hand“ ist jedenfalls schon nach kurzer Haltung ohne Schwierigkeiten durchzuführen. So berichtet GRIMM (1952), daß seine Krallenfrösche schon zwei Wochen nach ihrem Einstand beim Abnehmen der Deckscheibe futtererwartend zur Wasseroberfläche kamen — vor allem nach längerem Fasten.

Mit dem Grad der Sättigung steigt das Bedürfnis der *Xenopus* nach Ruhe; einen vollgefressenen Krallenfrosch reizt weder ein schmackhafter Regenwurm noch eine delikate Kaulquappe. Wann aber sind *Xenopus* schon gesättigt?

Pipiden glauben nicht an den Storch ...

Der Pipidenpfleger, der seine Tiere gut hält und obendrein ein wenig Geschick entwickelt, kann über Nacht zum Pipiden-Züchter werden, oder besser: geworden sein. Das ist die einfachste, aber auch die „geheimnisvollste“ Art. Vivarianer aber sind wissensdurstig und daher neugierig. Sie interessiert das „wie“ genauso intensiv, wie sie der überraschende Erfolg herzlich freut. Sie werden daher das programmgemäße Ablaichen, das Studium des Fortpflanzungsverhaltens zu ihrem großen Ziel machen; ein Ziel, das viele Pipidenfreunde lange nicht erreicht haben und viele auch die längste Zeit nicht erreichen werden. Denn: Pipiden glauben nicht an den Storch (sie fürchten ihn nur als ihren Feind), sondern an den Regen.

Freilandbeobachtungen an *Xenopus*-Arten haben gezeigt, daß die Tiere zum Teil in sehr kleinen Wasseransammlungen leben. Regelmäßig trocknen diese Miniaturseen aus, und die Bewohner sind zu diesem Zeitpunkt verschwunden. Nun, aufgelöst haben sie sich natürlich nicht, sondern sie haben sich tief in den Schlammboden — der nun eine harte Kruste hat — vergraben. Dort warten sie auf den sie befreienden Regen. Kommt dieser — und in ihrer afrikanischen Heimat ist die Regenzeit sozusagen Saison — dann kommt auch wieder Leben in das Völkchen der *Xenopus*. In kurzer Zeit schon kommt es in den wiedererstandenen Gewässern zur Klammerung und schließlich zum Ablaichen.

Dieser „Lebenswecker“, der Regen, scheint den Tieren in Gefangenschaft abzugehen. Die gute Betreuung macht die Tiere gewiß auch faul. Was ist also zu tun? Der Vivarianer, der bei der Einrichtung seiner Aquarien und Terrarien sich immer wieder bemüht, die natürlichen Bedingungen stilgerecht nachzuahmen, muß hier in erster Linie den Regen imitieren. Die Trockenheit vor der Regensaison wird einfach durch Verminderung des Wasserstandes oder noch einfacher durch Verdunstenlassen des Wassers vorgetäuscht. Nach einiger Zeit egalisiert man sodann das Wassermanko durch Aufgießen von kühlerem Wasser und läßt die Temperatur bis auf ca. 28° C steigen. Diese Temperatur sollte möglichst konstant gehalten werden. Ohne Zweifel fördert die künstliche Regenzeit die Paarung; wenn es auch nicht beim ersten Versuch gelingt, die Chancen, daß die Zucht doch gelingt, sind groß. Mag sein, nicht bei *Pipa*, gewiß aber bei *Hymenochirus* und *Xenopus*.

Die Betätigung als „Regenmacher“ darf natürlich nicht irgendwann aufgenommen werden, sondern — in unseren Breiten — zweckmäßigerweise im

Frühjahr oder wenn schon Zeichen einer Brunftstimmung zu bemerken sind. Wichtig ist es auch, die Tiere während dieser Zeit reichlich zu füttern.

Viele Züchter haben mit guten Erfolgen eine zusätzliche „Kaltstellung" der Pipiden während des Winters exerziert. Sie lassen die Wassertemperatur während der Wintermonate auf 18—20° C (bei *Xenopus* sogar noch tiefer) absinken und erhöhen sie erst wieder im Frühjahr. Da aber während der kühlen Zeit auch das Temperament der Tiere bedeutend abkühlt, wird der Vivarianer mit dieser Methode weniger Freude haben.

Ein weiterer Tip für angehende Züchter: Keinesfalls dürfen die Zuchtaquarien mit zu vielen Fröschen besetzt sein. Etwa 5—8 Tiere stellen das Maximum dar. Wird diese Zahl überschritten, so wirkt die Überbevölkerung hemmend auf die Brutstimmung der Frösche. Können wir eindeutig die Geschlechter bestimmen, so ist die Separierung eines Zuchtpaares die allerbeste Lösung.

Jedenfalls sollte der Pipidenfreund die Nachzucht versuchen, denn gerade im Fortpflanzungsverhalten bieten diese Frösche Sensationelles. Nicht nur das: Auch die Kaulquappenphase der Pipiden ist voll Überraschungen und interessanter Details. Und sollte es absolut nicht klappen wollen, dann sei noch eine sozusagen letzte Chance verraten — die Zuhilfenahme gonadotroper Wirkstoffe. Solche Hormonstöße müssen beiden Geschlechtern injiziert werden, am besten gleich mehreren Exemplaren. (Näheres siehe S. 47.) Als Zeitpunkt seien die frühen Abendstunden empfohlen. Die Wirkung der Injektionen ist meist schon nach wenigen Stunden zu bemerken: Die Männchen rufen, klammern, und in vielen Fällen kommt es in Kürze schon zur Abgabe der Geschlechtsprodukte. Wie das Ablaichen vor sich geht, darüber wird im folgenden Kapitel berichtet.

Kinderstube auf Mutters Rücken und andere Besonderheiten der Pipidenfortpflanzung

Wer Brehms Tierleben gelesen oder nur einmal durchgeblättert hat, der hat gewiß das schaurigschöne Bild der Wabenkröte in Erinnerung. Mit zahlreichen Eiern auf dem Rücken, am Rande eines Tümpels sitzend, hat sie der Illustrator dargestellt; *Pipa americana* (die frühere Bezeichnung für *Pipa pipa*) hat sie Brehm noch benannt. Bei aller Ungenauigkeit der Zeichnung zeigt sie dennoch das Sensationelle im Leben der Pipas: die Brutpflege.

„Eier auf dem Rücken – absolut nichts Neues!" werden Anurenkenner sagen. Diese Art der Brutfürsorge kennen wir auch von anderen Froschlurchen; z. B. von dem amerikanischen Laubfrosch *Hyla goeldii*, der seine Eier in einer Hautwulst gebettet herumträgt, oder von den südamerikanischen Beutelfröschen *(Gastrotheca)*, die ihre Brut in einem aus Hautfalten zusammengefügten „Rucksack" transportieren und so hervorragend behüten.

Solche Besserwisser haben teilweise recht, aber eben nur teilweise. Die Brutfürsorge der Pipinen nämlich ist in ihrer Art konkurrenzlos, und zwischen Rückentransport und Rückentransport ist fürwahr ein gewaltiger Unterschied. Und wenn auch die Kenntnis der pipiden Brutpflege bis ins vorige Jahrhundert zurückreicht, so stammen die ersten genauen Beschreibungen der Fortpflanzungsbiologie dieser Arten doch erst aus dem letzten Jahrzehnt.

Die Zucht von *Pipa pipa* (die anderen *Pipa*-Arten sind sehr selten im Handel erhältlich) ist für jeden Vivarianer eine echte Sensation. Nicht, daß die Nachzucht so selten gelänge oder so schwierig wäre – ein wenig Geduld und eine Portion Geschick sind allerdings Voraussetzung –, sondern eine Vielzahl von spannenden Details läßt die Paarung für den Beobachter zu einem Erlebnis werden.

Und dabei beginnt alles so „gewöhnlich". Auch die *Pipa*-Männchen umklammern gemäß der wohlbekannten Froschsitte eines Tages die brünftigen Weibchen, nachdem sie schon die längste Zeit zuvor ihr metallisch klingendes „Klick-klick" ertönen ließen. Der Klammergriff des Männchens schließt sich dabei um die Hüften der Partnerin, eine Eigenart, die bei allen primitiven Fröschen (z. B. auch bei *Pelobates*, *Bombina* u. a.) festzustellen ist.

So vereint erwarten die Partner den Moment der Eiablage, und nicht selten erstreckt sich diese „Einleitung" über 2–2½ Tage. Vielen mag diese Umklammerungszeit lange erscheinen, doch stellt sie absolut keinen Rekord im

Bild 5. Die Babywiege der Wabenkröte; der Embryo ist in die Haut der Mutter eingebettet. (Schema nach Hilzheimer.)

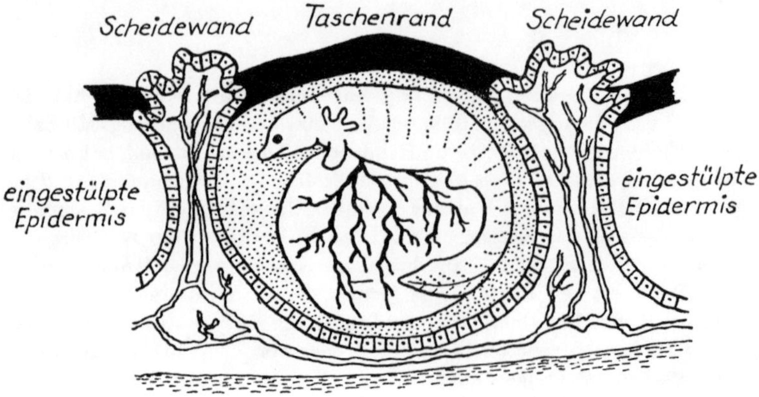

Froschreich dar: Unsere Erdkröte *(Bufo bufo)* klammert beispielsweise durchschnittlich 10 Tage, ehe es zur Eiablage kommt.

Während der *Pipa*-Mann mit in die Hüften des Weibchens verkrampften Vorderbeinen den Moment der Eiabgabe abwartet, beginnt die Rückenhaut seiner Gesponsin eine merkwürdige Veränderung durchzumachen. Deutlich erkennbar quillt ein scharf abgegrenzter Hautbezirk schwammig auf und bildet schließlich eine Art Polster — die Babywiege der Pipas. Gleichzeitig vergrößert sich auch die Kloakenöffnung. Selbstverständlich holen die Tiere auch während dieses Zeitraums frische Atemluft von der Wasseroberfläche — jetzt aber eben gemeinsam.

Schon einige Zeit vor Beginn der Eiablage kann man eine wachsende Erregung, vor allem der Weibchen, beobachten. Mehr als einmal sind Bewegungen des Weibchens festzustellen, die den Eindruck erwecken, das umklammerte Tier möchte dem männlichen Griff entkommen. Plötzlich aber ist es dann soweit: Das *Pipa*-Paar hebt sich vom Boden — zuerst meint man, daß sie wieder einmal Luft holen — und steigt gegen den Wasserspiegel auf. Knapp unter der Wasseroberfläche drehen sich die beiden Frösche um ihre Längsachse, und mit einem perfekten Salto leiten sie ihre Rückkehr zum Aquarienboden ein. Dieses Schauspiel wiederholt sich mehrere Male, ohne daß es zur Eiabgabe kommt. Diese beginnt erst nach zahlreichen

Bild 6. Die Purzelbäume der Pipinen beim Ablaichen. (Schema nach Rabb und Rabb.)

dieser „turnovers", wie das Ehepaar Rabb diese Purzelbäume der Pipiden nennt. Zuvor kann der aufmerksame Beobachter noch ein starkes Ein- und Ausstülpen der trichterartigen Kloakenmündung des Weibchens registrieren, die schließlich fest gegen das Abdomen des Männchens gepreßt wird.

Bei einer der folgenden Drehungen erscheinen die ersten Eier, und von nun an werden nahezu bei jedem „turnover" weitere Eier abgegeben. Die Abgabe erfolgt dabei sozusagen am Kulminationspunkt (Scheitelpunkt) der Drehung, dann, wenn die Frösche nahezu waagrecht und bauchoben für etwa eine Sekunde verharren. Gleichzeitig erfolgt auch die Besamung. Die Eier fallen zuerst auf den Bauch (Ventralseite) des Männchens, und langsam rollen sie zwischen den beiden Fröschen in das Gebiet der gequollenen Rückenpartie des Weibchens. Jedesmal sind es etwa 3—6 Eier, die so, nicht zuletzt durch die tätige Mithilfe des Männchens, das das Vorgleiten der Eier durch Schüttelbewegungen unterstützt und lenkt, zur „Babywiege" gelangen. Nach jeder Phase kehren die Tiere zum Aquarienboden zurück und verharren dort in einer eigenartigen Stellung: Kopf nach unten „rasten" sie in einem spitzen, etwa 30gradigen Winkel zum Boden. Diese Pausen dauern ca. 5—10 Minuten. Dann holen sie wieder Luft, und kurz später erheben sie sich neuerdings zum eierbringenden Purzelbaum.

Die Eiablage dauert mehrere Stunden. Rabbs Tiere brauchten einmal 3 Stunden, und im Zoologischen Institut der Universität Wien dauerte das Ablaichen etwa ebensolang.

Die Zahl der abgelegten Eier variiert stark und ist nach Angaben der Literatur zwischen 40 und 114 Stück anzunehmen. Ein Teil der abgelegten Eier geht unmittelbar verloren, teils fallen sie durch allzu stürmische Bewegungen des Männchens zu Boden, teils werden sie bei den folgenden Purzelbäumen abgestreift. Schließlich ist die Zahl der Eier auch von der Größe des Rückenpolsters abhängig. Häufig werden nämlich mehr Eier abgelegt, als in der weichen Rückenhaut des Weibchens unterzubringen sind.

Kurze Zeit nach der erfolgten Eiablage, spätestens ½ Stunde danach, trennen sich die beiden Tiere. Das Weibchen gibt dabei durch eine charakteristische Kreuzhohlstellung bei gleichzeitigem Strecken der Vorder- und Hinterbeine seinem Partner zu verstehen, daß seine Mission beendet ist. Das Männchen trennt sich darauf sofort von seiner Gesponsin, versorgt sich mit frischer Atemluft und läßt bald wieder sein sehnsüchtiges Klick-Klick ertönen.

Diese eben geschilderte Art der Eiablage — während einer Bauchobenstellung des Froschpaares — hat innerhalb der *Salientia* kein vergleichbares Gegenstück; bei den verschiedenen Gattungen der Pipiden allerdings ist sie mit kleinen Variationen einheitlich festzustellen.

So auch bei *Hymenochirus*. Die Brunftstimmung der *Hymenochirus*-Männchen wird durch ihr anhaltendes Rufen offenkundig, und häufig versuchen sie, vorbeikommende Weibchen zu umklammern. Langsam steigert sich die Erregung, und bald kann man das charakteristische „Tanzen" der brünftigen Männchen beobachten. Rabb und Rabb (1963) haben diese Verhaltensweise ausführlich beschrieben: scharrende, hastige Bewegungen mit den Füßen, dazu Armgestikulationen wie bei der Umklammerung. Dem Tanz folgt zumeist wieder monotones Rufen. Hat nun das brünftige Männchen einen Artgenossen entdeckt, nähert es sich ihm seitwärts, gegen dessen Flanke, und sobald sich der oder die Anvisierte bewegt, versucht es geschickt, zu klammern. Häufig sind diese Versuche aber eben nur Versuche. Wenn nämlich das brünftige Tier an ein zweites Männchen gerät, dann „brummt" der geschlechtlich falsch eingeschätzte Artgenosse, und rasch läßt der Werber wieder los. Auch Weibchen, die schon abgelaicht haben oder einfach nicht willig sind, verstehen es vortrefflich, sich schnell wieder aus der Umklammerung zu lösen: Sie strecken die Hinterbeine steif nach hinten aus, und notfalls unterstreichen sie ihren Unwillen durch zusätzliches Schütteln des Körpers. So abgefertigte Männchen beginnen kurz darauf wieder zu rufen: Sie heben dabei ihren Vorderkörper etwas vom Boden auf, und oft sieht es aus, als stünden sie auf den Fingerspitzen. Diese Stellung ist gleichzeitig eine Art Drohen, eine Warnung an andere brünftige Männchen: Hier bin ich, kommt nicht zu nahe! Außerhalb der Brunft verebben diese Reaktionen. Die beiden Autoren ÖSTERDAHL und OLSSON (1963) versuchten, sowohl eine Angriffsstellung als auch eine Rufhaltung zu unterscheiden, doch lassen sich — meiner Meinung nach — diese beiden Verhaltensweisen nicht differenzieren. Nähme ein rufender Frosch nicht die charakteristische Stellung ein, er wäre nicht als der Tonerzeuger zu erkennen.

Die Paarungsrufe der *Hymenochirus*-Männchen sind mit dem Ticken einer Weckeruhr vergleichbar. Daneben gibt es aber noch einen anderen Laut — den schon erwähnten abweisenden Brumm-Ton. Das Erkennen der ablaichbereiten Weibchen erfolgt in erster Linie durch deren „Willigkeit". Rivalen werden dagegen vorwiegend durch akustische Zeichen bemerkt. Dazu kommen zweifelsohne Impulse, die durch die rheotropische Rezeption der Lateralisorgane und durch den gut entwickelten Geruchssinn aufgenommen werden können; es sind dies die Vibrationen, die gleichzeitig mit dem Brumm-Ton entstehen, und die Aussonderungen der Axillardrüse.

Werden die Balzbewegungen eines Männchens vom Weibchen durch eine „einladende" Vorwärtsbewegung beantwortet, so kommt es unverzüglich zur Umklammerung. In typischer Pipidenart schließt das Männchen seine Vorderbeine um die Leistengegend der Partnerin und preßt sich fest an den Rücken des Weibchens. Auch pumpende Bewegungen

Bild 7. Das „Wischen" des Hymenochirus-Männchens eine Stimulierungsgeste?

Bild 8. Bei jedem Ablaichmanöver (Hymenochirus boettgeri) werden einige wenige Eier an der Wasseroberfläche deponiert. (Schema nach Österdahl und Olsson.)

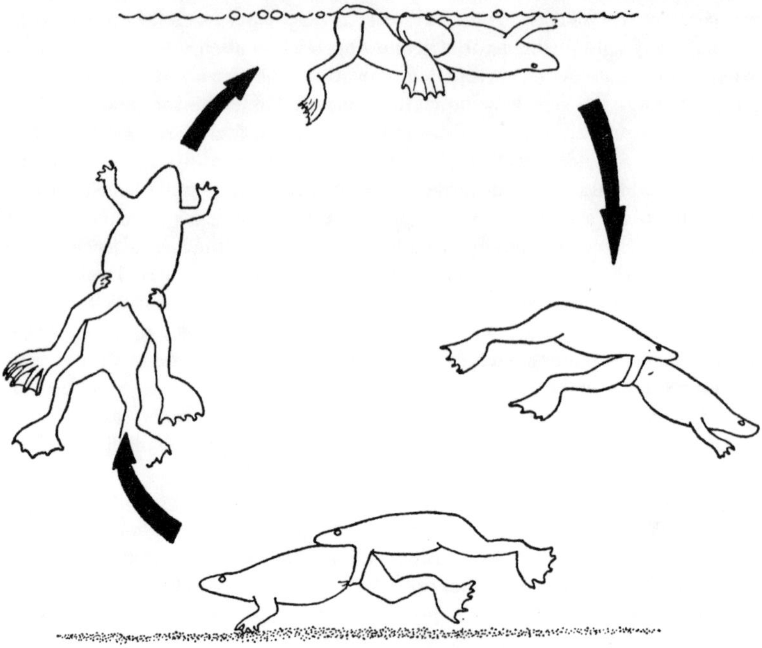

durch Lockern und Anpressen der Arme sind häufig bei klammernden Männchen zu beobachten. Schließlich „wischt" das Männchen seiner Partnerin gelegentlich mit den krallenbewehrten Hinterbeinen über den Kopf, eine Erscheinung, die ebenfalls bei allen Pipiden auftritt und als Stimulierungsgeste gewertet wird. Bei *Hymenochirus* geht sie jedenfalls dem Ablaichen voran. Das Weibchen geht sodann – schon wenige Minuten nach Beginn der Umklammerung – in Kreuzhohlstellung, und, die Initiative ergreifend, erhebt es sich mit dem Männchen zur Wasseroberfläche. Dort dreht sich das Paar in die „Bauchobenstellung". Beide Tiere heben die Kloakenöffnungen über den Wasserspiegel und stoßen ihre Geschlechtsprodukte aus. Durch gleichmäßiges Hin- und Herrudern mit den Hinterbeinen hält sich das Froschpaar in dieser Lage meist 1–2 Sekunden.

Nicht bei jeder Drehung in die Rückenlage kommt es zum Ablaichen. Der Bewegungszyklus wird mehrere Male wiederholt, aber erst bei der zweiten oder einer späteren Drehung kommt es zur erfolgreichen Laichabgabe. Danach schwimmt das Paar wieder zum Aquarienboden zurück, wo es längere Zeit — etwa 1—5 Minuten — verharrt. Sodann beginnt der Laichvorgang von neuem. Bei jedem Ablaichmanöver werden einige wenige Eier an der Wasseroberfläche deponiert; sie bleiben in der Regel an dem Oberflächenhäutchen hängen doch werden einige durch die folgenden Aktivitäten des Froschpaares zum Absinken gebracht. Die Zahl der Ablaichvorgänge differiert stark. Nach Literaturangaben schwanken die beobachteten Ablaichdrehungen zwischen 50 (Österdahl und Olsson 1963) und 346 (Rabb und Rabb 1963), wobei im höchsten Fall über 1000 Eier abgegeben wurden. Die Dauer der Eiablage schwankt ebenfalls zwischen 1 und 7 Stunden.

Typische Verhaltensweisen, wie ich sie schon beschrieben habe, geben schließlich dem Männchen das Zeichen, die Umklammerung zu lösen. Das geschieht auch mehr oder weniger prompt.

Rabb und Rabb (1963) haben eine weitere Besonderheit bei *Hymenochirus* festgestellt und beschrieben, nämlich die Laichabgabe der Weibchen, ohne daß eine Klammerung stattfindet oder zuvor stattgefunden hat. Ich selbst habe dieses Phänomen nie beobachtet.

Ein ähnliches Verhaltensschema wie bei den zuvor behandelten *Pipa*- und *Hymenochirus*-Arten zeigt auch die Paarung und Eiablage der *Xenopus*. Rabb und Rabb erwähnen in ihrer *Hymenochirus*-Arbeit auch *Xenopus laevis* und ihre Nachzuchterfolge mit dieser Art. Gemäß ihren Angaben finden sich auch bei *Xenopus laevis* alle bei *Hymenochirus* festgestellten Verhaltensweisen, mit alleiniger Ausnahme des „Tanzes". Obgleich Rabbs Angaben nur aus einer Tabelle bestehen, kann man sie zu den „ausführlichsten" der Literatur rechnen. Ein Widerspruch ? Nein. Das etwas seltsame Problem hat einen anderen Grund: *Xenopus* wurde zu oft gezüchtet, zu oft und meist mit ökonomischen Hintergedanken. Die Zucht erwies sich als problemlos, und dennoch sind kaum wissenschaftliche Aufzeichnungen vorhanden.

Vor 50 Jahren etwa war *Xenopus* für die Wissenschaftler nur ein sonderbares seltenes Tier, für Vivarianer fast ein Fabelwesen; vorausgesetzt, daß sie überhaupt schon vom *Platanna**, wie *Xenopus* in seiner Heimat genannt wird, gehört hatten. Erst in den Zwanzigerjahren taucht *Xenopus laevis*

* Platanna aus dem Wort „Plathander" = platte Hände

— die am längsten bekannte Art — in europäischen Vivarianerkreisen auf. In den „Blättern für Aquarien- und Terrarienkunde" erscheinen die ersten Berichte erfolgreicher Pflege und Zucht. Und dann kam das für die gesamte Gattung so entscheidende Jahr 1930. In diesem Jahr veröffentlichte der Forscher HOGBEN seine Arbeit über eine Methode des Schwangerschafts-Frühnachweises, und Hauptfigur für diesen neuen Test war *Xenopus laevis*. Waren es bislang einige Zoologen und vielleicht eine kleine Gruppe begeisterter Naturfreunde, die den Krallenfröschen Interesse entgegenbrachten, jetzt waren es mit einem Mal die medizinischen Labors in aller Welt, die nach *Xenopus* verlangten. Der HOGBEN-Test — CREW führte 9 Jahre später diesen Namen für das Verfahren ein — erregte überall Aufsehen. Der Bedarf an Platannas stieg gewaltig. Dabei war der HOGBEN-Test nicht der erste, relativ sichere Weg des Frühnachweises einer stattgefundenen Empfängnis. Schon 1927 war den österreichischen Medizinern ASCHHEIM und ZONDEK der Nachweis gelungen, daß Schwangerenharn bereits kurz nach der Empfängnis die gleichen Wirkungen wie die Hormone des Hypophysenvorderlappens hervorzurufen imstande ist. Aufbauend auf diese Erfahrung entwickelten sie ein Frühdiagnoseverfahren, bei dem ihnen infantile Mäuse als Versuchstiere dienten. Die Zuverlässigkeit dieser Methode ist besonders groß. Nachteilig erwies sich allerdings die lange Dauer des Tests, der jeweils etwa 4 Tage in Anspruch nimmt. HOGBENS Verfahren dagegen brachte ebenso sichere Ergebnisse bereits nach wenigen Stunden. Wie aber geht der HOGBEN-Test vor sich? Die Methode ist mehr als einfach: Der Urin der zu untersuchenden Frau wird dem *Xenopus*-Weibchen subcutan, und zwar in den dorsalen Lymphsack injiziert. Das ist alles. Verläuft die Reaktion positiv, so laicht das Froschweibchen nach 5 bis 8, spätestens binnen 12 Stunden ab, wobei Mengen bis zu 2000 Eiern keine Seltenheit darstellen. Erfolgt bis maximal 18 Stunden keine Laichabgabe, so ist das Testergebnis negativ, es liegt keine Schwangerschaft vor. So einfach ist also der HOGBEN-Test, und es nimmt nicht wunder, wenn man erfährt, daß Massentransporte von *Xenopus laevis* in die Forschungslaboratorien gingen. Mehrere tausend Exemplare wurden nach den ersten Erfolgen des HOGBEN-Tests allein nach England geliefert, und ELKAN (1938) befürchtete allen Ernstes, daß die Ausrottung der Krallenfrösche kurz bevorstehe. Der Zweite Weltkrieg bereitete wenig später dem schwunghaften Frosch-Außenhandel ein unerwartetes Ende. Der Nachschub versiegte für die europäischen Labors, und die Fortführung des HOGBEN-Tests war mit einem Male allein von der erfolgreichen Nachzucht der Krallenfrösche abhängig. Diese aber wollte nicht gelingen. Mit Bedauern stellte 1941 BIRKENBACH im Zentralblatt für Gynäkologie fest, daß eine erfolgreiche Nachzucht in Deutschland, trotz tätiger Mithilfe der Zoologen, nicht zu erwarten sei. Unmittelbar darauf konnte das Zuchtproblem von *Xenopus* aber doch gelöst werden. GASCHE (1943) und seine Mitarbeiter entwickelten eine Methode, die die Nachzucht von Zufällen unabhängig und zu einer einfachen Angelegenheit machte. Und worin lag die Entdeckung? Einzig und allein in der Erfahrung, gleichzeitig mit dem *Xenopus*-Weibchen auch das Männchen mit den gonadenwirksamen Faktoren des Schwangerenurins — dem sogenannten „Prolan" — zu behandeln. Prolan stand damals bereits in Pulverform zur Verfügung, und somit war auch die Dosierung kein Problem mehr. Und die Erfolge waren hervorragend: bis zu 1000 Eier pro Pärchen, nach einem Monat wiederholbar. Die Massenproduktion konnte beginnen. GASCHE gab aber noch weitere Ratschläge, wobei gerade ein Tip für uns von Interesse ist. Er schreibt: „Die Gefäße (in denen sich die behandelten Zuchtpaare befinden) werden mit einem Tuch zugedeckt, damit die Tiere nicht gestört werden." Und sie wurden nicht gestört, sie wurden weder gestört noch bei der Eiablage beobachtet. Das aber ist das Problem, das wir eingangs erwähnten, daß trotz leichter Zucht die Angaben über die einzelnen Verhaltensweisen dürftig sind. Auch rückte mit einem Mal die Kaulquappe von *Xenopus* in den Mittelpunkt des Interesses der Wissenschaftler. Sie sahen in ihr nämlich das ideale Tier für entwicklungsphysiologische und embryologische Studien und Experimente.

Soweit das Fortpflanzungsverhalten der *Xenopus*-Arten bekannt ist, soll es jetzt geschildert werden: Grundsätzlich gleicht es dem der anderen Pipiden-Gattungen. Die brünftigen Männchen umklammern die Weibchen in der Leistengegend, nachdem sie schon einige Zeit zuvor ihre Paarungswilligkeit durch ein lautes „Kreik-Kreik" bekundet haben. Auch ist bei brünftigen Männchen eine gewisse Nervosität nicht selten. Hat nun das Männchen eine Partnerin gefunden, so lassen sich die schon bei *Pipa* bzw. bei *Hymenochirus* erwähnten Verhaltensweisen des „Pumpens" und des „Wischens" beobachten. Vor allem die pumpenden Bewegungen sind deutlich, und gleichzeitig hört man eine neue, von GRIMM (1952) als Umklammerungslaut beschriebene Tonfolge: Tak Tak.

Interessant ist auch das Vorkommen einer Drehbewegung des Paares, die ohne Zweifel vom Männchen ausgeht und die von den verschiedenen Autoren unterschiedlich gedeutet wird. Ruckartig wälzen sich die Tiere um ihre Längsachse, und das Weibchen wird dabei akinetisch (bewegungslos, steif): Es streckt seine Arme schräg nach vorn, die Beine steif nach hinten.

Die Phase der Umklammerung dauert verschieden lang, von wenigen Stunden bis zu 2 Tagen. GRIMM (1952/b) hat sogar noch längere Zeiträume festgestellt. Die umklammerten Weibchen beginnen ziemlich spontan abzulaichen. Während wälzender Bewegungen, die manchmal sehr den „Turnovers“ von *Pipa* und *Hymenochirus* ähneln, aber nicht so regelmäßig und so deutlich sind, werden die Eier meist einzeln abgegeben und vom Männchen besamt. Die Eier kleben an Pflanzen, Steinen und manchmal am Durchlüftungsschlauch fest. Bushnell (1957) gibt an, daß Eiklumpen von jeweils 3—4 Stück abgelegt werden, doch fand ich diese Behauptung nicht bestätigt. Bei Störungen wird die Eiablage meist jäh unterbrochen. Die Tiere reagieren während der Fortpflanzung sehr stark auf Außenreize.

Die Ablage erfolgt in der Regel nachts, der Züchter entdeckt zumeist erst am folgenden Morgen die „Überraschung“. Dazu ein Hinweis für Enttäuschte: Meist laichen die Frösche während der anschließenden Nächte weiter ab, wie überhaupt die Eiablage sich häufig über mehrere Tage erstreckt. Die Zahl der abgelegten Eier variiert dabei sehr stark: von ein paar wenigen bis einige hundert Stück.

Gute Erfolge werden immer wieder mit in Freilandbecken gehaltenen *Xenopus*-Paaren berichtet. Daß die Frösche in solchen „Behältern“ nur schwer oder überhaupt nicht mehr beobachtet werden können, ist die Kehrseite der Medaille. Nach einer Meldung von Kahmann (1949) überstanden sogar einige vergessene *Xenopus*-Larven den Winter in solch einem Freilandteich.

Als zweckmäßig erweist es sich, die Elterntiere sofort nach dem Ablaichen vom Laich zu trennen, denn sie betrachten die Eier als willkommene Delikatesse. Apropos: Den Laich heimischer Froschlurche kann man gelegentlich als *Xenopus*-Futter verwenden. Das Aquarium mit den Eiern soll bis zum Schlüpfen der Larven und dann bis zum Freischwimmen der Kaulquappen gut durchlüftet werden.

Dann erst — mit dem „Flüggewerden“ der Kaulquappen — beginnt die Arbeit für den Vivarianer. Die Fortpflanzung wird von der Natur geregelt, vom Instinkt und Trieb gelenkt; das Gedeihen der Brut aber hängt von der Emsigkeit und nicht zuletzt auch von der Geschicklichkeit des Züchters ab. Einige Ratschläge, die in den folgenden Kapiteln enthalten sind, mögen dem Vivarianer dabei eine kleine, aber nützliche Hilfe sein.

Die sonderbaren Kaulquappen der Gattung Hymenochirus

„An den Quappen sollt ihr sie erkennen!" Das sei der Leitsatz für alle Vivarianer, die Schwierigkeiten bei der Unterscheidung der beiden *Hymenochirus*-Arten, nämlich *curtipes* und *boettgeri* (nur diese zwei Arten sind regelmäßig im Tierhandel erhältlich), haben. Bei den Kaulquappen ist eine Verwechslung unmöglich, so verschieden sehen sie aus und so unterschiedlich ist ihr Verhalten. Und dennoch sind sie in vielen Punkten ähnlich und weisen sich in vielen Aspekten deutlich als Pipidenlarven aus.

Aber betrachten wir nicht die Kaulquappen vor dem Ei: Die Laichkörner von *Hymenochirus curtipes* weisen, eingerechnet der außen stark klebenden Gallerthülle, einen Durchmesser von rund 2 mm auf, sie schwimmen an der Wasseroberfläche oder kleben an den Pflanzen. Die Farbe ist bräunlich, die Anzahl der abgelegten Eier ist unterschiedlich; durchschnittlich liegt die Zahl bei 150 Stück pro Ablage. Natürlich gehen zahlreiche Eier zugrunde. Fast alle, die zum Aquarienboden gesunken sind — durch das Luftschnappen der erwachsenen Tiere werden sie oft von der Wasseroberfläche gestoßen —, gelangen nicht zur Entwicklung, und auch die an Wasserpflanzen klebenden Eier sind gefährdeter als die am Wasserspiegel verbliebenen. Reichliche Durchlüftung ist für eine erfolgreiche Zucht besonders wichtig.

Die Larven schlüpfen nach etwa 1½—2 Tagen. Die Wassertemperatur spielt eine wesentliche Rolle. Wenn sie unter 22° C liegt, ist es ziemlich sicher, daß der erste Zuchtversuch mißlingt.

Die geschlüpften Kaulquappen hängen die ersten Tage — im Durchschnitt sind es 6 Tage — ihres Larvenlebens zappelnd an ihrer unpaaren Klebedrüse von Pflanzen herab oder an den Glasscheiben des Beckens. Sie sind braun gefärbt und ihre Körpergröße beträgt ganze 4 mm. Kaum aber haben die Kaulquappen ihren hängenden Lebensabschnitt hinter sich gebracht und begeben sich freischwimmend auf Futtersuche, da wird auch schon ihre Räubernatur offenbar. Bedächtig gleiten sie waagerecht knapp unter der Wasseroberfläche dahin, und nur der scharfe Beobachter sieht das pausenlose Vibrieren der durchsichtigen Schwanzspitze. Auch schnappen diese kleinen Kerle bereits nach Luft, obwohl winzige äußere Kiemen — mehr Relikte als brauchbare Ateminstrumente, wie es scheint — vorhanden sind. Und was fressen die Larven von *Hymenochirus curtipes*? In erster Linie Cyclops, wobei dem Vivarianer angeraten sei, reichlich von diesem sogenannten „Staubfutter" zu bieten. Der Jagderfolg dieser kleinen Raubritter ist nämlich relativ

Bild 9. Das „Mundrohr" der Hymenochirus-Kaulquappen. (Schema nach Sokol.)

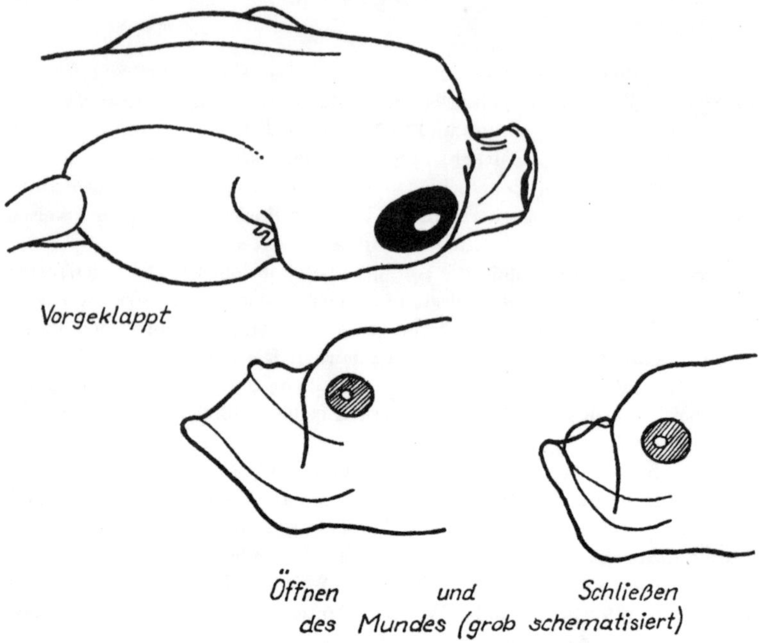

gering; außerdem erweisen sich viele der erbeuteten Tiere als zu große Brocken (z.B. Daphnien) und werden wieder ausgespuckt. Kommt ein Futtertier in die Nähe einer Kaulquappe, so schießt sie auf das Opfer hin und versucht, es in ihr Mundrohr einzusaugen. Die Bezeichnung „Mundrohr" ist keine phantasiereiche Ausdrucksweise oder gar eine Übertreibung: Die Larven von *Hymenochirus curtipes* haben fürwahr eine sonderbare Mundform. Sie besteht aus einem nach oben gerichteten Rohr. Beim Öffnen des Mundes klappt dieses Mundrohr schräg nach vorne, und der mit Hilfe des Hyobranchialapparates entwickelte Sog bewirkt, daß das Futter in die Mundhöhle gesaugt wird. Dann klappt der Mund wieder zu, und das erbeutete Tier kann nicht mehr entkommen. Das Wasser schließlich entweicht durch die paarig vorhandenen, kleinen Öffnungen, die sogenannten Spiracula. Hornkiefer oder Lippenzähne, wie sie bei den meisten Kaulquappen vorkommen, fehlen bei *Hymenochirus*, und ebenso entbehren sie ein Filtersystem oder einen Reusenapparat.

Das Larvenleben von *Hymenochirus curtipes* dauert durchschnittlich 60—70 Tage, dann findet die Verwandlung statt. Schon nach ca. 30 Tagen kann man die Hinterbeine erkennen; die Vorderbeine allerdings treten erst knapp vor Abschluß der Metamorphose hervor. Die frisch verwandelten Jungfrösche messen durchschnittlich einen Zentimeter. Die Fütterung der Junioren bereitet keine Schwierigkeit. Sie nehmen zu diesem Zeitpunkt bereits Tubifex, Daphnien und Corethra-Larven an, und überhaupt ist ihnen jedes Futter recht. Vorausgesetzt, daß es reichlich vorhanden ist.

So einfach diese Verwandlung der Kaulquappen zu fertigen Fröschen — vorerst allerdings in Miniaturausgabe — zu sein scheint, so selbstverständlich sich Stufe um Stufe der Entwicklung aneinanderfügt, so einschneidend ist doch diese Periode im Leben der Anuren. Die Metamorphose ist im Froschleben ohne Zweifel *der* Höhepunkt, ist die große Wende vor allem im Lebensstil, denn in der Regel wird das Wasserdasein mit dem Landleben vertauscht. Daß diese Zäsur nur mit umfassenden Wandlungen vor sich geht, ist verständlich, die Veränderungen reichen weit über das Verlieren des Schwanzes und die Rückbildung der Kiemen hinaus. Der Verdauungstrakt z.B. ändert sich mit den neuen Bedingungen, denn aus den (in den überwiegenden Fällen) vegetarischen Kaulquappen werden fleischfressende Kröten und Frösche. Mit den Pipiden haben wir zwar keine Standardmodelle kennengelernt, sondern primitive Formen des Froschstammbaumes, aber dennoch ist auch bei ihren Larven die Metamorphose der entscheidende Abschnitt der Entwicklung.

Die Eier von *Hymenochirus boettgeri* sind im Vergleich zum *Curtipes*-Laich etwas kleiner (ca. 1,2—1,5 mm inklusive der Gallertschicht) und vielleicht eine Nuance heller in ihrer Färbung. Die Zahl der abgelegten Eier entspricht der von *curtipes*. Schon nach etwa einem Tag schlüpfen 2½ mm große

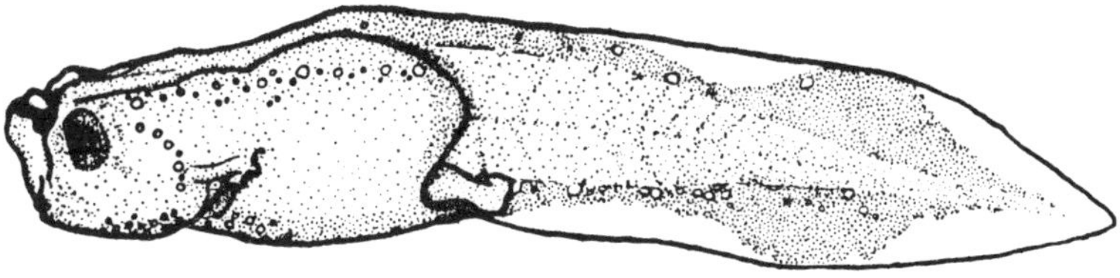

Bild 10. Kaulquappe von Hymenochirus curtipes.

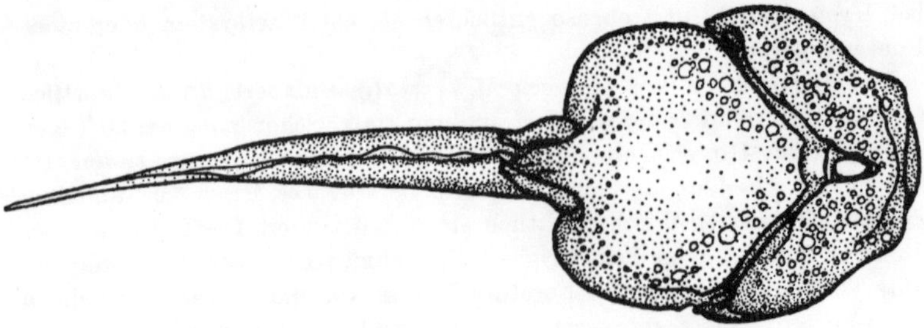

Bild 11. Hymenochirus curtipes-Kaulquappe von der Bauchseite gesehen.

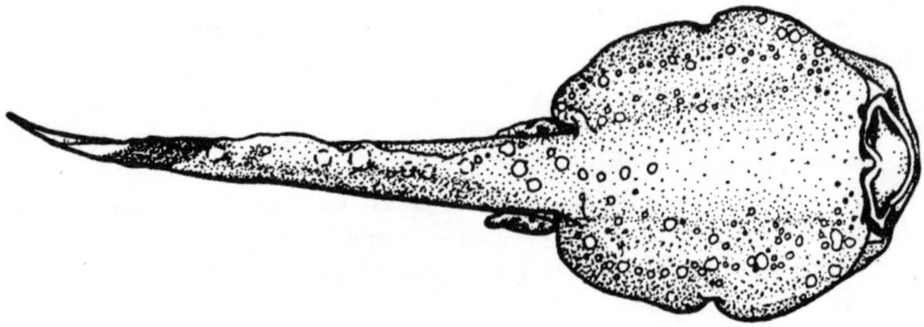

Bild 12. Hymenochirus curtipes-Kaulquappe „von oben“ aus gesehen.

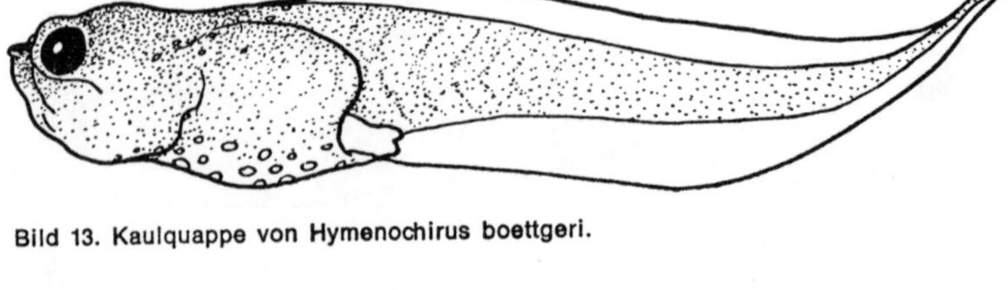

Bild 13. Kaulquappe von Hymenochirus boettgeri.

Larven, die, wie Beistriche überall im Zuchtbecken hängend, ihre ersten 4—6 Tage verbringen. Auch sie haben eine Klebedrüse, mit deren Ausscheidungen sich die Kaulquappen anheften. Haben sich die Larven einmal ins freie Wasser gewagt, so lassen sich die Merkmale, die sie von *curtipes* unterscheiden, deutlich erkennen — vor allem die Körpergestalt und die Färbung. *Hymenochirus boettgeri* ist schlanker und, um mit den Vergleichen auch im Froschreich zu bleiben, ähnlicher der Standard-Kaulquappenform, wie wir sie etwa vom Wasserfrosch kennen. Die Augen sind auffallend groß. Die Färbung der Larven ist dunkelgrau, die Unterseite deutlich heller. Dazu

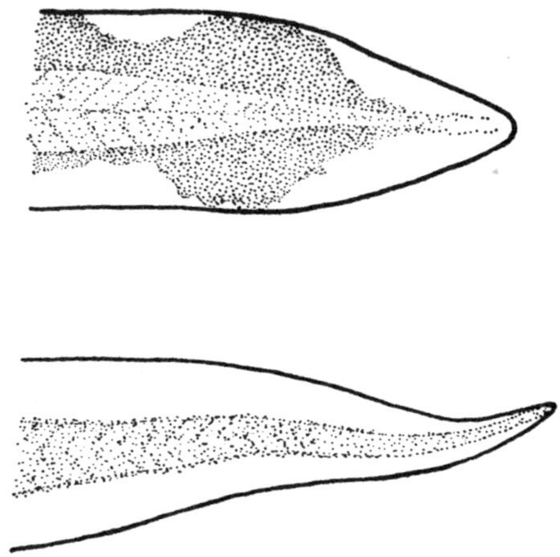

Bild 14. Die Pigmentanordnung an den Schwanzenden der Kaulquappen ist ein sicheres Erkennungszeichen. — Oben: Hymenochirus curtipes, unten: Hymenochirus boettgeri.

kommt noch ein starker Silberglanz des Körpers und das Fehlen einer — wie bei *curtipes* beschriebenen — farb-, d.h. pigmentlosen Schwanzspitze. Apropos Schwanz: Die Pigmentanordnung am Schwanz ist wohl das eindeutigste Kennzeichen der *curtipes*-Kaulquappen, und ihr Fehlen ein sicheres Kennzeichen der Art *boettgeri*. Unsere Skizze zeigt deutlich die Unterschiede.

Der Vivarianer, der beide Larvenformen einmal gesehen hat, kann *boettgeri* und *curtipes* leicht unterscheiden, und selbst die hier gegebene Schilderung der Besonderheiten müßte ausreichen, treffsichere Diagnosen zu stellen. Für alle jene, die immer noch unsicher sind, sei ein weiteres Unterscheidungsmerkmal genannt: *Hymenochirus boettgeri*-Larven sind weit aktiver als jene von *curtipes*. Wie Jungfische streifen sie durch das Wasser, wobei auch bei ihnen die Schwanzspitze als Antriebsmotor fungiert, und suchen, ihren chronischen Hunger zu stillen. Als Futtertiere eignen sich Cyclops hervorragend, doch können diesen geschickteren Jägern bereits Daphnien und sogar Tubifexstücke geboten werden. Erbeutet wird die Nahrung wie bei *curtipes*-Larven durch Saugschnappen. Mit Hilfe ihres Hyobranchialapparates entwickeln sie einen kräftigen Sog, der die Opfer in das Mundrohr hineinzieht. Die Stellung des Mundrohres, wie bei *curtipes* im geschlossenen Zustand nach oben gerichtet und bei Öffnung schräg nach vorne geklappt, veranlaßt mich zu einer Hypothese, die durch den bevorzugten Aufenthalt unter dem Wasserspiegel an Berechtigung gewinnt: nämlich, daß die *Hymenochirus*-Kaulquappen in freier Wildbahn die Wasseroberfläche abweiden. Die superaquatische Fauna tropischer Gewässer ist nämlich besonders reichhaltig und stellt, abgesehen von den auf die Wasseroberfläche fallenden Insekten, eine ideale „Weide" für die *Hymenochirus*-Larven dar. Was für eine wesentliche Rolle dieses Neuston — das ist die Organismenwelt, die an das Oberflächenhäutchen des Wassers gebunden ist — als Futterquelle spielt, geht aus einer Untersuchung zweier argentinischer Biologen (Rapoport und Sanchez, 1963) hervor. Fünf Minuten lang fischten oder treffender seihten die beiden Forscher die Oberfläche eines Flußlaufes ab und hatten in dieser kurzen Zeit über 600 Organismen erbeutet. Das Hauptkontingent bestand aus Collembolen (Springschwänze; flügellose Insekten). In stehenden Gewässern, Seen, Teichen und Tümpeln ist die Zahl für gewöhnlich noch weit höher. Für die *Hymenochirus*-Kaulquappen wäre damit ein wahres Schlaraffenland gegeben, und es ist gar nicht ausgeschlossen, daß darüber bald ein wissenschaftlicher Nachweis vorliegt. Ehrgeizige Vivarianer sind selbstverständlich auch herzlich eingeladen, einschlägige Beobachtungen oder Experimente anzustellen.

Überhaupt ist es nichts Neues, daß Kaulquappen den Wasserspiegel abweiden. Die Herpetologen kennen die unterschiedlichsten Typen innerhalb der Anurenlarven: solche, deren Mundregion zu Saugpfannen umgestaltet ist, mit deren Hilfe sie sich in reißenden Wasserläufen an Steinen ansaugen können, und andere wieder, deren flacher und schlanker Körper sie für die Existenz in kleinen wassergefüllten Baumhöhlen prädestiniert. Diese Anpassungen sind nicht an systematische Gruppen gebunden und tauchen in den verschiedensten Familien, ja sogar innerhalb der großen Gattungen auf. So ist es auch bei den Spezialisten der „Wasserspiegelweider", die vor allem aus der Familie *Microhylidae* bekanntgeworden, aber auch bei den Pelobatiden, Dendrobatiden und Hyliden (Laubfröschen) anzutreffen sind.

Zurück zu *Hymenochirus*! Etwa einen Monat nach Beginn der Nahrungsaufnahme bzw. des freischwimmenden Lebensabschnittes geht die Verwandlung ihrem Ende zu. Die Fußstummel erscheinen ca. am 12., die Arme am 20. Tag, vorausgesetzt, daß die Kaulquappen bis dahin gut gehalten, d.h. ausreichend gefüttert wurden. Die stämmigsten Exemplare messen rund 2 cm, sind also in der Regel etwas größer als die *curtipes*-Quappen. Die Dauer der Metamorphose wird selbstverständlich auch von der Wassertemperatur beeinflußt. Bei RABB, der die Kaulquappen bei 20—24° C hielt, ging die Verwandlung erst nach 6 Wochen vor sich. Während der gesamten Verwandlungsperiode nehmen die Kaulquappen Futter zu sich, obwohl die Verlagerung und Veränderung des Mundes — von einem nach oben gerichteten Rohr in ein, ich würde sagen „typisches Froschmaul" — in diesen Zeitraum fällt.

Alles in allem sind die carnivoren (fleischfressenden) Kaulquappen der beiden *Hymenochirus*-Arten höchst interessante Pfleglinge, in vielen Aspekten vielleicht interessanter als manche Fischbrut, und ihre Aufzucht macht ebenfalls kaum Schwierigkeiten. Vielleicht tauchen im Tierhandel noch weitere *Hymenochirus*-Arten auf mit möglicherweise wieder anders sich verhaltenden Kaulquappen. Denn viele leere Blätter existieren noch im großen Zuchtbuch dieser Gattung; dem Forscherdrang der Vivarianer sind daher keine Grenzen gesetzt. Es verbleiben ihnen noch zahlreiche Möglichkeiten, sich Ruhm zu erwerben.

Kaulquappen mit Antennen

Diese „Antennen“, ich muß gestehen, haben mir besonderes Kopfzerbrechen gemacht, denn die Kaulquappen von *Xenopus*, die hier beschrieben werden sollen, haben so viele Eigentümlichkeiten, daß ihr charakteristisches Merkmal nur schwer zu finden ist. Die Antennen oder ... ? Nun, ich bin doch bei den Antennen geblieben, denn diese wenigstens sind auf den ersten Blick deutlich zu erkennen: zwei lange Fäden, an den Seiten der Mundspalte entspringend und weit nach vorne gestreckt. Neben den Tentakeln, wie die „Antennen“ richtiger zu bezeichnen sind, fällt bei den *Xenopus*-Junioren sofort deren eigenartige Stellung und Bewegung im Wasser auf. Stets haben sie den Kopf schräg nach unten gesenkt, und durch rhythmische Schläge mit der Schwanzspitze gleiten sie in dieser Haltung durch ihr Lebenselement. Der Kopfabschnitt ist weitgehend durchsichtig, und nur die relativ großen Augen sind als dunkle Flecken zu erkennen. Unaufhörlich öffnet und schließt sich ihr Mund — verschiedene Beobachter zählten etwa 40—50mal in der Minute —, und damit wären wir bei einer der interessantesten Bildungen der *Xenopus*-Quappen, nämlich ihrem Filter- und Reusenapparat, angelangt. Wer nämlich diese pumpenden Mundbewegungen als reine Respirations-(Atem-)Tätigkeit deutet, hat nur teilweise recht. In erster Linie wird hier Wasser durchgepumpt und dabei Nahrung filtriert. Das System des Filterapparates ist kurz folgendes: Die Kiemenbögen der *Xenopus*-Larve tragen einen netzartigen, stark durchbluteten Fältchenfilter, der sich vor den Kiemenspalten befindet und geeignet ist, selbst die kleinsten Partikelchen abzufangen. Durch Unterdruck in der Mundhöhle wird das Wasser beim Öffnen des Mundes eingesogen. Dann schließt die Kaulquappe ihren Mund und das darin befindliche Wasser wird durch das Kiemenfilter gepreßt und verläßt durch die paarigen Spiracula den Körper. Die abgefangenen Nahrungsteile werden „eingeschleimt“ — zahlreiche kleine Drüsen scheiden ständig eine klebrige Substanz ab —, zu Klümpchen zu-

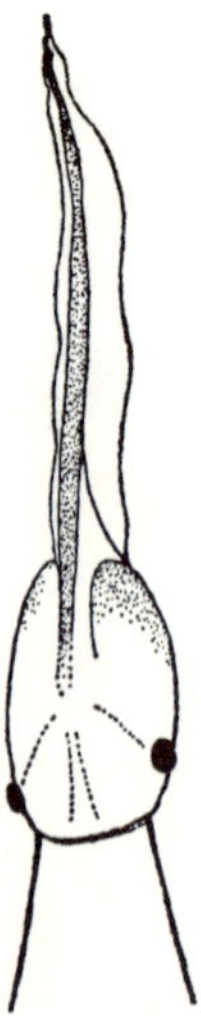

Bild 15. Die Kaulquappe von Xenopus laevis erkennt man an ihren „Antennen“.

sammengeballt und über eine Flimmerrinne in den Pharynx befördert. Ein Ventilsystem reguliert dabei den Wasserstrom.

Neben dieser Funktion des Filterapparates beim Nahrungserwerb ist er sekundär auch als Respirationsorgan im Einsatz. Das hat SCHOBER (1949) mit einem sehr einfachen Experiment bewiesen. Je eine *Xenopus*-Quappe wurde in ein sauerstoffreiches Wasser und in ein abgekochtes und daher sauerstoffarmes Wasser gebracht. Dann wurde die Zahl der „Luftschnapper" an der Wasseroberfläche registriert. Dabei stellte sich heraus, daß die im sauerstoffarmen Wasser sich befindende Larve 4—5mal so oft auftauchte wie jene im sauerstoffreichen Wasser. Damit ist bewiesen, daß der Sauerstoff im Wasser von den Kaulquappen für die Atmung verwendet wird.

In erster Linie aber atmen die *Xenopus*-Larven durch die Lungen, und alle 4—6 Minuten sieht man sie mit zurückgeklappten Tentakeln rasch an die Oberfläche schwimmen, um Frischluft einzuholen.

Mag die Schilderung des komplizierten Filterapparates der *Xenopus*-Quappen manchen beeindruckt haben, die angehenden Froschzüchter werden entsetzt fragen: „Was sollen wir füttern?" Keine Sorge — die Ernährung der *Xenopus*-Babies ist gar nicht so kompliziert. Wohl aber ist die Zusammensetzung des Speisezettels außergewöhnlich. Mehr noch als auf das „Was" kommt es auf das „Wie" an, womit die Konsistenz des Futters gemeint ist. Nur die allerkleinsten Nahrungsteilchen können verfüttert bzw. von den Larven aufgenommen werden. Größere Brocken, die in den Filterapparat gelangen, führen in den meisten Fällen — besonders bei jüngeren Larven — den Tod des Tieres herbei. Also gilt es in erster Linie, ein besonders „feinkörniges" Futter zu verwenden, das als Suspension (Aufschwemmung) dem Wasser beigemengt werden soll. Mit einem Wort: Breikost für die Babies von *Xenopus*. Als solch ein Standardfutter gilt heute, nachdem es zahlreiche Züchter erprobt und mit bestem Erfolg angewendet haben, Brennesseltee. Dieser ist in Drogerien unter der Bezeichnung „Herba urticae" billig zu erstehen. GASCHE (1943) empfahl dazu eine Beigabe von Kleemehl, das seiner Meinung nach besser als die früher verabreichte Kost, zerriebene Fadenalgen, geeignet ist. Andere empfohlene Zusätze sind getrocknete Daphnien und Schafgarbepulver. Die Mahlzeiten werden solchermaßen zubereitet: Man rührt den Brennesseltee (mit oder ohne Zusätze) mit ein wenig Wasser zu einem dünnen Brei und gießt diesen durch ein Leinensäckchen in das Becken. Die Rückstände preßt man zweckmäßigerweise noch einmal durch Winden des Leinensäckchens aus. Soweit die Normalkost. Dazu bewähren sich gelegentliche Infusorienmenüs, die man durch Ansetzen von Salatblättern bzw. von Heu in einem wassergefüllten Einsiedeglas leicht erhält. Schließlich kann ich die gelegentliche Beigabe eines Dotterstückes eines hartgekochten Eies bestens empfehlen. SCHNEIDER (1956) beschrieb noch weitere Delikatessen, und ich möchte der Vollständigkeit halber auch seine Rezeptur in Schlagworten wiedergeben: 5 g Hafermehl wird mit 25 mg möglichst kleinzelliger Trockenhefe unter Beigabe von etwas Wasser gut verrührt und dieser Brei dann in ca. 100 cm^3 siedendes Wasser geleert. Bis zum Erkalten muß gelegentlich umgerührt werden, damit sich keine Haut bildet. Schon ist das Essen fertig. 1—2 Teelöffel pro 100 Kaulquappen, täglich verabreicht, lautet die Dosierung. Die Art des Futters bewirkt in vielen Fällen eine Trübung des Wassers, und mancher Vivarianer wird entsetzt über die „grüne Lauge" in seinen Aquarien sein. Keine Angst! Die Kaulquappen als rastlose Filtrierer machen in Kürze das Wasser wieder klar. Schon in einigen Stunden müßte die Färbung oder Trübung des Wassers verschwunden sein; sollte jedoch das Becken nach etwa 8 Stunden noch nicht sauber sein, dann ist das ein Beweis, daß der Züchter zu viel Futter — gerechnet nach der Zahl der Kaulquappen — beigemengt hat. Überhaupt sollte möglichst bald die richtige Futtermenge festgestellt werden, denn Rückstände verderben sehr rasch das Wasser, die Speisereste überziehen sich mit Pilzen. Regelmäßiges Absaugen des Grundes mit einer einfachen Pipette und gelegentlicher Wasserwechsel können keinesfalls schaden.

Das freischwimmende Larvenleben der *Xenopus*-Nachkommen dauert durchschnittlich 5—8 Wochen. Die Entwicklung ist von der Wassertemperatur und ganz besonders von der richtigen Fütterung überaus abhängig. Bei „Übervölkerung" sind regelmäßig Wachstumsstörungen bzw. unregelmäßige Entwicklungsfortschritte festzustellen. DICKINSON gibt z. B. für ein 20 × 20cm-Becken die maximale Zahl von 100 Kaulquappen an, doch sollten nach Möglichkeit noch weniger Larven in einem Aquarium von dieser Größe aufgezogen werden. Dem freischwimmenden Lebensabschnitt der Kaulquappen geht ein Zeitraum von 2—3 Tagen voraus, in dem die Larven nahezu bewegungslos an den Aquarienwänden und Wasserpflanzen hängen. Geschlüpft sind sie schon etwa 2 Tage nach der Eiablage. (Bei BUSHNELL schlüpften die Kaulquappen frühestens am 3. Tag.)

Die *Xenopus*-Kaulquappen wachsen sehr rasch, wenn man ihnen günstige Verhältnisse bietet. Bei einer Wassertemperatur von rund 24—26° C und bester Fütterung erreichen sie die stattliche Größe von 5—6 cm binnen 30—40 Tagen, und dann ist der Beginn der Metamorphose nicht mehr fern. Die Metamorphose dauert ca. 10 Tage. Sodann haben die kleinen Frösche ihren Filterapparat „stillgelegt" und machen es den Alten nach: was das

Futter betrifft und ihre Gier. Tubifex, Mückenlarven, Daphnien — alles wird dankbar angenommen.

Bis zur Erreichung ihrer vollen Größe benötigen die Frösche rund ein Jahr. Geschlechtsreif werden sie etwa nach dem gleichen Zeitraum, die Männchen früher als die Weibchen. Nach DICKINSON dauert es 2 Jahre vom Ei bis zur Reife, doch stehen dieser Feststellung widersprechende Angaben diverser anderer Autoren gegenüber.

Abschließend sei auf mögliche Mißerfolge durch Befall der Larven mit sogenannten Polypen- oder Hydrenläusen hingewiesen. KLINGELHÖFFER berichtet in seiner „Terrarienkunde" darüber und empfiehlt als Therapie einen zweistündigen Aufenthalt der Larven in einprozentiger Kochsalz- oder einer Kaliumpermanganatlösung (5 mg auf 1 Liter Wasser). Jedoch sind Epidemien selten, und Verluste treten meist nur durch falsche oder schlechte Behandlung ein.

Ein paar Worte noch über die Haut . . .

Manchmal, vor allem nach erfolgter Paarung, gebärden sich die pipiden Frösche ganz toll, und man gewinnt den Eindruck, als wollten sie aus der Haut fahren. Um die Pointe gleich vorwegzunehmen: Sie tun es auch.

Allerdings steht die Häutung in keinem direkten Zusammenhang mit dem Fortpflanzungsverhalten, doch wirkt ohne Zweifel die große Erregung während der Umklammerung und während des Ablaichens auf den Hautwechsel beschleunigend.

Die Häutung, das Abstreifen der Epidermis in periodischen Abständen, ist bei allen Anuren und so natürlich auch bei den Pipiden altgewohnte Sitte. Mit diesem Hautwechsel geht der Abwurf der Krallen — soweit die einzelnen Arten welche besitzen — parallel. Die abgestreiften Hautfetzen werden gelegentlich — manche Autoren meinen, daß es regelmäßig der Fall sei — verspeist.

Zu guter Letzt . . .

sind nur noch Wünsche an der Reihe, Glückwünsche für alle Vivarianer, die sich — sei es, daß sie durch dieses Buch angeregt oder nur in ihrem vorgefaßten Entschluß bekräftigt wurden — nun die Pflege der pipiden Frösche vorgenommen haben. Mögen ihnen die Pfleglinge viel Freude machen, reichlich Unterhaltung bieten und mithelfen, ihnen Gottes wunderbare Natur zu erschließen. Nicht so sehr wünsche ich Glück, weil dieses vorwiegend zur Pipidenpflege gehört, sondern weil Vivarianer eben einen Freundeskreis bilden; und unter Freunden wünscht man sich Glück, auch wenn man in erster Linie züchterische Erfolge meint.

Literatur

Bushnell, R.: Some notes on the breeding of Amphibia. Brit. J. Herpet. 2/3/1957.

Davis, D. H. S.: Ecological Studies in Southern Africa. Dr. W. Junk Publishers, The Hague 1964.

Dickinson, W. H.: The african clawed toad Xenopus laevis, in captivity. Herpetologica, San Diego 5/1949.

Dunn, E. R.: American frogs of the family Pipidae. Amer. Mus. Novitates 1384: 1—13, 1948.

Gasche, Paul: Die Zucht von Xenopus laevis, Daudin und ihre Bedeutung für die biologische Forschung. Rev. Suisse de Zool. 50 / 1943.

Grimm, H.: Zur Sexualbiologie des Krallenfrosches Xenopus laevis (Daud.). Zool. Anz. 148/1952.

Grimm, H.: Beobachtungen über Bewegungsnormen, Ernährung und Fortpflanzungsverhalten des Krallenfrosches. Zeitschr. Tierpsych. 9/1952.

Jameson, D. L.: Evolutionary trends in the courtship and mating behaviour of Salientia. Syst. Zool. 4/1955.

Klingelhöffer, W.: Terrarienkunde, Bd. II: Lurche. Stuttgart: A. Kernen Verlag 1956.

Lerch, K.: Zuchterfolge bei Xenopus laevis Daudin. Wien. klin. Wschr. 16/1948.

Loveridge, A.: Notes on East African Batrachians, collected 1920—23, with description of 4 new species. Proc. Zool. Soc. London 1925.

Manaças, S.: Batráquios aglossos da guiné portuguesa. Anais da Junta de Investigaçoes Coloniais, Vol. II, r. III, 1947.

Monard, A.: Résultats de la Mission Scientifique du Dr. Monard en Guinée Portugaise 1937—1938, VI: Batraciens, Arquivos do Museu Bocage, T. XI. Lisboa 1940.

Monard, A.: Résultats de la Mission Zoologique Suisse au Cameroun. Mem. Inst. franc. Afr. noire Centre de Cameroun. Sci. nat. No. 1/1951.

Myers, G. S., and Carvalhoi, A. L.: Notes on some new or little-known Brasilian Amphibians. Boletin de Museo Nac., Rio de Janeiro, Nr. 35/1945.

Noble, G. K.: Herpetology of the Belgian Congo. Bull. Amer. Mus. Nat. Hist. XLIX, 1924.

Noble, G. K.: The Biology of Amphibia. New York: McGraw-Hill Book Co. 1931.

Olsson, R., and Österdahl, L.: Aquarium Behaviour and Breeding of Hymenochirus. Nature, 188—869, 1960.

Orton, G. L.: The Systematics of Vertebrate Larvae. Syst. Zool. 2/1953.

Österdahl, L., and Olsson, R.: The sexual behaviour of Hymenochirus boettgeri. Oikos 14/I/1963.

Parker, H. W.: The Amphibians of the Mamfe Division, Cameroons I. Proc. Zool. Soc. London, 1936.

Perret, J. L., et Mertens, R.: Étude d'une collection Herpétologique faite au Cameroun de 1952 à 1955. Bull. Inst. Franc. Afr. Noire 19a/1958.

Rabb, G. B., and Rabb, M. S.: On the Mating and Egg-Laying Behaviour of the Surinam Toad, Pipa pipa. Copeia 4/ 1960.

Rabb, G. B., and Rabb, M. S.: On the Behaviour and Breeding Biology of the African Pipid Frog Hymenochirus boettgeri. Zeitschr. Tierpsych. 20: 215—241, 1963.

Rabb, G. B., and Snedigar, R.: Observations on Breeding and Development of the Surinam Toad, Pipa pipa. Copeia 1/ 1960.

Rose, W.: The Reptiles and Amphibia of South Africa. Maskew Miller Lim. Cape Town: 1950.

Russel, W. M. S.: Experimental studies of the reproductive behaviour of Xenopus laevis. Behaviour 7/1954.

Sanderson, I. T.: The Amphibians of the Mamfe Division, Cameroons. II: Ecology of the Frogs. Proc. Zool. Soc. London I/1936.

Schneider, L.: Eine neue Methode über die Aufzucht von Larven des Krallenfrosches Xenopus laevis Daudin. Zool. Anz. 156/1956.

Schober, H.: Morphologie, Funktion und Entwicklung des Filterapparates bei Xenopus-Larven. Diss. Univ. Wien, 1949.

Sokol, O.: Studien an pipiden Fröschen I: Die Kaulquappen von Hymenochirus curtipes, Noble. Zool. Anz. 162/5/6, 1959.

Sokol, O.: Zur Morphologie von zwei afrikanischen Pipiden unter besonderer Berücksichtigung einer südamerikanischen Art. Diss. Univ. Wien, 1960.

Sokol, O.: The Tadpole of Hymenochirus boettgeri. Copeia 2/1962.

Szarski, H.: The Origin of the Amphibia. Quart. Rev. Biol. 37/1962.

Wagner, V. A.: The Frogs of South Africa, Purnell & Sons (S. A.), Cape Town 1965.

Sachregister

Kosmos-Handbuch Aquarienkunde
Das Süßwasser-Aquarium. Herausgegeben von der Redaktion Aquarien-Magazin
„Mit diesem Handbuch dürften für das nächste Jahrzehnt die Sachfragen der Liebhaberaquarianer beantwortet sein... Es fehlt kein Thema von der Technik der Aquarienkunde über Aquarienpflanzen zur Morphologie, Anatomie, Physiologie, Biologie, Fütterung und Krankheitsbehandlung der Süßwasserfische... Das Werk wird weit über den Kreis der Kosmos-Naturfreunde hinaus die Süßwasseraquarianer aller Stufen vom Beginner zum Profi begeistern."
(Prof. D.E.G.E. Sauer/Universität Bonn in „Wissenschaftlicher Literaturanzeiger")
738 S., 1389 z. T. farbg. Abb.

Helmut Zimmermann
Tropische Frösche
Pflege und Zucht
„Edelsteine des Regenwaldes" nennt der Amphibienkenner die Tropenfrösche. Dieser Band bietet einen Überblick über die systematische Einordnung der wichtigsten tropischen Froschlurche, zeigt, wie ein Terrarium „tropenfroschgerecht" wird und erläutert alles Wichtige zur Zucht.
72 S., 43 meist farbg. Abb.

Prospekt kostenlos von Franckh/Kosmos, Postfach 640, 7000 Stuttgart 1.

Helmut Zimmermann
Futtertiere von A – Z
Aquarien- und Terrarientiere – richtig ernährt
Mit Fanggeräten und -methoden, mit der Zucht von Futtertieren, mit Nahrung und Nahrungspflanzen für Futtertiere und einer Futtertiertabelle wird der Leser in diesem Band vertraut gemacht.
80 S., 53 meist farbg. Abb.

Paul Heinrich Stettler
Handbuch der Terrarienkunde
Terrarientypen, Tiere, Pflanzen, Futter
Das Standardwerk der Terrarienkunde – mit großformatigen Abbildungen der beschriebenen Reptilien und Amphibien sowie Tips für den problemlosen Selbstbau von Terrarien!
228 S., 142 meist farbg. Abb.

FRANCKH
KOSMOS
Verlagsgruppe

In Ihrer Fach/Buchhandlung!